低品位镍红土矿湿法冶金提取基础理论及工艺研究

Fundamental and Technological Study on Treatment of Low-grade Nickel Laterite by Hydrometallurgical Processes

李 栋 郭学益 著

U0315730

北 京

冶 金 工 业 出 版 社

2015

内 容 提 要

本书介绍了镍的生产消费、资源特点及处理方法，并针对国内外典型镍红土矿的特点，详细论述了还原焙烧—氨浸、硫酸熟化焙烧—浸出和常压盐酸浸出等不同工艺处理镍红土矿的基本原理及最新研究成果。本书共6章，通过具体实例较为详细地阐述了热力学及动力学研究、工艺参数优化等方面的实验设计和数据处理方法。

本书可供从事有色冶金领域尤其是镍冶金领域的科研、工程技术人员阅读，也可供冶金专业的高等院校学生参考。

图书在版编目（CIP）数据

低品位镍红土矿湿法冶金提取基础理论及工艺研究/李栋，郭学益著．—北京：冶金工业出版社，2015.7

ISBN 978-7-5024-7025-8

Ⅰ.①低… Ⅱ.①李… ②郭… Ⅲ.①红土型矿床—镍矿床—湿法冶金 Ⅳ.①TF815.32

中国版本图书馆 CIP 数据核字（2015）第 168619 号

出 版 人 谭学余
地 址 北京市东城区嵩祝院北巷 39 号 邮编 100009 电话 （010）64027926
网 址 www.cnmip.com.cn 电子信箱 yjcbs@cnmip.com.cn
责任编辑 张熙莹 美术编辑 吕欣童 版式设计 孙跃红
责任校对 禹 蕊 责任印制 牛晓波
ISBN 978-7-5024-7025-8
冶金工业出版社出版发行；各地新华书店经销；三河市双峰印刷装订有限公司印刷
2015 年 7 月第 1 版，2015 年 7 月第 1 次印刷
169mm×239mm；10 印张；194 千字；151 页
36.00 元

冶金工业出版社 投稿电话 （010）64027932 投稿信箱 tougao@cnmip.com.cn
冶金工业出版社营销中心 电话 （010）64044283 传真 （010）64027893
冶金书店 地址 北京市东四西大街 46 号（100010） 电话 （010）65289081（兼传真）
冶金工业出版社天猫旗舰店 yjgycbs.tmall.com
（本书如有印装质量问题，本社营销中心负责退换）

前　言

随着镍硫化矿的深度开采和逐渐枯竭，镍红土矿已经成为全球镍资源开发的重点。镍红土矿主要分布在赤道附近和南北回归线之间的热带国家，包括澳大利亚、新喀里多尼亚、巴布亚新几内亚、菲律宾、印度尼西亚、古巴、巴西等。我国在云南、四川以及青海等地区也发现了可开采型镍红土矿，具有较高的开发和利用价值。

镍红土矿中主要有价金属为镍和钴，但由于其组分复杂，镍、钴相对含量不高，致使矿石选冶有一定难度。尤其是国内的镍红土矿，其品位一般低于国外同类型镍红土矿，开发利用难度较大。因此，针对镍红土矿资源的性质和特点，开展适应性镍钴冶金提取工艺研究具有重要的意义。

低品位褐铁矿型镍红土矿的处理适合采用湿法冶金工艺，其中技术最成熟的工艺是高压酸浸法。该工艺具有镍钴浸出率高、浸出液易处理等优点，但也存在工艺操作难度大、一次性设备投资高等问题。因此，科研工作者在完善高压酸浸工艺的同时也将目光转向了常压湿法工艺，这些工艺包括还原焙烧—氨浸、硫酸熟化焙烧—浸出、常压盐酸浸出、常压硫酸浸出、生物浸出等。

我们近年来在镍红土矿中有价金属提取方面开展了系列研究工作，主要是针对国内外不同地区的低品位镍红土矿开发适应性技术，以实现镍、钴等有价金属的高效选择性提取和铁、镁资源的综合回收。为了总结经验，促进交流，我们将近几年在镍红土矿处理方面的最新研究成果归纳整理成书。全书共分6章，简要介绍了镍的性质与用途、生产与消费及镍红土矿处理工艺，详细论述了还原焙烧—氨浸、硫酸熟化焙烧—浸出和常压盐酸浸出等不同工艺处理镍红土矿的基础理论及实验研究结果。本书力求理论与工艺相结合，对镍红土矿处理的基本原理进行了系统介绍，同时重点突出了实验设计和工艺研究。本书适宜于从事有色冶金领域尤其是镍冶金领域的科研、工程技术人员阅读，也可作为大专院校相关专业师生的参考书。

田庆华、石文堂、吴展、公琪琪等参与了本书内容的研究工作，为本书的出版贡献了聪明才智。另外，感谢韩国地质资源研究院的朴庚镐教授在相关实验研究方面提供了技术指导，并在本书的撰写过程中提供了建设性意见。

由于作者水平所限，书中不足之处，敬请广大读者批评指正。

作　者
2015 年 5 月

目　　录

1 概　　述

1.1　镍的性质及主要用途

1.1.1　镍的性质

镍是具有银白色金属光泽的铁磁性硬质金属，属元素周期表第Ⅷ族，为面心立方体晶型，原子序数28，相对原子质量58.69。镍在自然界存在五种稳定的同位素，包括^{58}Ni、^{60}Ni、^{61}Ni、^{62}Ni和^{64}Ni。镍在硬度、抗拉强度、机械加工性能、热力学性质以及电化学行为等方面与铁类似[1]。镍是许多磁性材料及物件的组成成分，但在超过居里温度357.6℃时失去磁性。每单位体积镍能吸收4.15体积氢气或1.15体积CO。镍具有良好的磨光性能，故纯镍广泛用于电镀行业[2,3]。表1-1列出了镍的一些物理性质[4,5]。

表1-1　镍的物理性质

物理量	数值	物理量	数值
相对原子质量	58.6934	价电子结构	$[Ar]\,3d^84s^2$
原子半径/pm	124.6	第一电离能/kJ·mol^{-1}	736
密度/g·cm^{-3}	8.90	比热容/J·(kg·K)$^{-1}$	439
电负性	1.8	还原电位/V	-0.250
熔点/℃	1453	沸点/℃	2732
熔化热/J·g^{-1}	243.09	居里温度/℃	357.6
布氏硬度	80~90	莫氏硬度	4
电阻率/μΩ·m	6.84	极限抗拉强度/MPa	4~5

镍的化学性质与铂、钯相似，镍具有高度的化学稳定性，在空气中加热到700~800℃时仍不氧化，空气、河水、海水对镍的作用很小，这主要是在镍的表面形成了一层致密的氧化膜，能阻止本体金属继续氧化[6]。金属镍在冷硫酸中相当稳定，但能与热硫酸反应，如电解镍片在约100℃的3mol/L H_2SO_4中溶解速度为10g/(m^2·h)；稀盐酸对镍作用很慢，而稀硝酸能够剧烈腐蚀镍；各种碱和有机酸几乎不和镍发生作用[7,8]。Ni^{2+}很难与卤素离子发生配合反应，但却能与NH_3、乙二胺等形成稳定的配合物[1]。

1.1.2　镍的主要用途

镍主要用于不锈钢和特种合金制造、电镀和化工等行业，在国民经济发展中具有极其重要的地位。其主要用途概括如下[7, 9~11]：（1）制造不锈钢和其他抗腐蚀金属材料；（2）用于电镀行业；（3）制作石油化工催化剂；（4）用作电子及电极材料；（5）用作储氢材料；（6）制作陶瓷。

不锈钢与特种合金生产是镍最广泛的应用领域，其中全球约2/3的镍用于不锈钢生产。在钢中加入部分镍，可显著提高钢的机械强度，使其具有更小的膨胀系数，可用来制造多种精密机械和精确量规等。镍钢和各种镍基耐热合金可用来制造机器中承受较大压力、承受冲击和往复负荷部分的零件，如涡轮叶片、曲轴、连杆等。

近年来，在动力电池、二次电池等电池材料领域，镍成为继钴之后最具潜力的金属。镍广泛用于可充电的高能电池，如 Ni-Cd、Ni-Zn、Ni-Fe 及 Ni-H 电池等。随着锂离子电池的发展，镍钴二元材料和镍钴锰三元材料已经成为极具发展前景的锂离子电池正极材料。

1.2　镍的生产与消费

1.2.1　全球镍的生产与消费

目前在全球有色金属生产中，镍的产量仅次于铝、铜、铅、锌的产量，排第五位。随着镍在各方面应用的不断扩大，其产量也持续增加。

图 1-1 所示为 1985~2009 年全球原生镍的供需平衡图[12,13]。自 20 世纪 80 年代末到 90 年代初，全球镍产量一直处于徘徊不前，甚至下降的状态，从 1994 年开始，逐渐进入稳步增长时期。1985 年全球镍产量只有 75.4 万吨，镍消费量为 78.3 万吨；2007 年全球镍产量达到 143.2 万吨，镍消费量为 132.7 万吨。近年来，全球镍产量和消费量持续下滑，且出现供过于求的局面。2008 年受金融危机影响，全球镍价暴跌，镍生产企业纷纷减产，镍产量同比下滑 5%，为 136 万吨；同年全球镍消费量在不锈钢需求下滑的影响下，同比下滑 2.6%，为 129.3 万吨，全年镍供应过剩 10 万吨；2009 年全球镍市场依然低迷，镍产量达到 133.5 万吨，同比下滑 2%，镍消费量为 129.8 万吨，与 2008 年基本持平，全年镍供应过剩 3.8 万吨。2010 年全球镍产量约为 142 万吨。

俄罗斯的精镍生产一直居全球之首，2007 年达到 27.2 万吨，占全球总产量的 19.0%。其次是中国、加拿大、日本、澳大利亚和挪威，这 6 个国家的精镍产量占全球的 70.4%。俄罗斯诺里尔斯克镍公司是全球最大的镍生产公司，其2009 年镍产量达到 34.8 万吨。表 1-2 列出了 2009 年全球十大镍生产商的产量[14]。

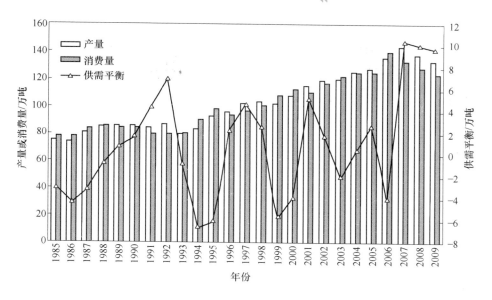

图 1-1 1985~2009 年全球原生镍供需平衡图

表 1-2 2009 年全球十大镍生产商的产量

排 名	企 业 名 称	国 家	产量/万吨
1	诺里尔斯克镍业	俄罗斯	34.8
2	金川集团	中 国	13.0
3	必和必拓	澳大利亚	11.8
4	巴西淡水河谷	巴 西	9.9
5	斯特拉塔	瑞 士	8.9
6	埃赫曼	法 国	5.2
7	日本住友金属	日 本	4.9
8	英美资源	英 国	3.8
9	谢里特国际公司	加拿大	3.4
10	米纳罗资源	澳大利亚	3.3

全球镍消费按行业用途划分，主要用于不锈钢、合金钢、有色金属、电镀、铸件等行业。图 1-2 所示为 2008 年和 2009 年全球镍消费结构比例变化[15,16]。镍在不锈钢行业的消费一直占较大比重，但其他领域应用正逐步增长。近年来，镍粉不仅广泛应用于不锈钢和合金钢行业，高级镍粉还被粉末冶金焊条、储氢合金、电池行业所青睐，特别是日本电池行业对镍粉的需求已迅速跃居不锈钢之后，成为日本第二大镍消费领域。随着镍消费结构的变化，随之而来的将是镍产品需求种类的多样化。

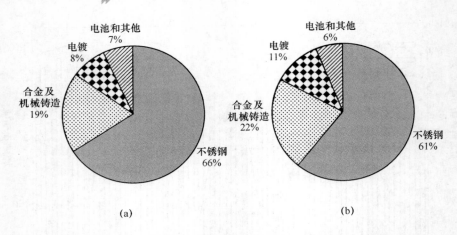

图 1-2　2008 年（a）和 2009 年（b）全球镍消费结构比例变化

1.2.2　中国镍的生产与消费

21 世纪以来，随着全球制造中心向中国的转移，与之相配套的耗镍生产工序也向中国内陆地区转移，这导致中国的镍生产量和消费量急剧上升[17]。2004年，中国超越挪威成为全球第五大镍生产国；2007 年，中国成为仅次于俄罗斯的全球第二大镍生产国。

近几年，中国镍行业的发展与全球镍行业形成了鲜明的对照——镍产量只在2008 年稍有下降，而消费量持续增加，且长期呈现供不应求的局面。图 1-3 所示为 2001～2009 年中国原生镍供需平衡图[12,13]。2008 年，中国镍产量为 13.3 万

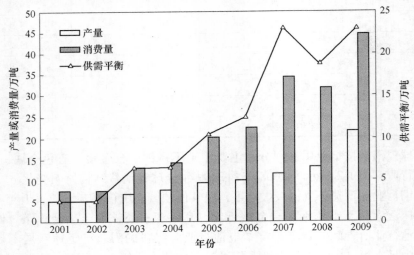

图 1-3　2001～2009 年中国原生镍供需平衡图

吨，消费量为32.0万吨，供需缺口达18.7万吨；2009年中国镍产量和消费量分别为21.6万吨和44.7万吨，供需缺口继续扩大，达23.1万吨。

中国精镍及其产品的生产相对来说比较集中，以甘肃、吉林、四川、新疆、云南等地区为主，主要生产厂家有金川集团有限公司、吉林吉恩镍业股份有限公司、新疆有色金属集团阜康冶炼厂、云南锡业元江镍业有限公司[18]。其中金川集团有限公司是中国最大的镍生产商，其2009年镍产量达到13.0万吨，占中国镍总产量的60.2%，位居全球第二。

目前，中国是全球最大的不锈钢消费国、最大的电池生产和消费国，还是全球最大的硬质合金生产和人造金刚石生产国，因此应用于这些领域的原材料也出现了旺盛的需求[19]。图1-4所示为2008年和2009年中国镍消费结构比例变化[15]。可以看出，与全球镍消费结构相比，中国在不锈钢和电镀行业内的镍消费比例相对较高，其他行业消费比例较低。预计未来20年，随着中国经济发展高峰期的到来，中国对镍的累积需求量将达到2000万吨[20]。

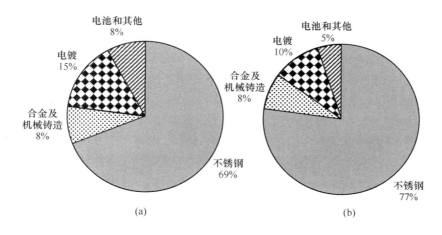

图1-4　2008年（a）和2009年（b）中国镍消费结构比例变化

2009年中国在不锈钢行业的镍消费量为34万吨，约占总消费量的77%，远高于2009年国际市场61%和2008年国内市场69%的水平。中国镍消费爆发性的增长，一是与中国不锈钢产量大幅增加有关；二是和不锈钢产品结构升级有关；三是含镍生铁替代了部分废不锈钢，扩大了不锈钢行业原生镍的消费基数。镍的电池和电镀消费领域由于基数较小，加上镍系电池的市场份额不断受到锂离子电池的侵蚀，因此2009年电池行业用镍至少下降11%，至1.65万吨。受汽车零部件出口下降影响，2009年中国电镀行业镍用量下降5%，至4.5万吨。高级合金领域，虽然国家投资建设了大批核电站项目，但是由于建设周期较长，因此相对于不锈钢而言，该领域镍消费量相对比较稳定[21]。

1.3 镍的资源状况

1.3.1 镍的发现及开发历史

人类发现镍的时间不长，但使用镍的时间可追溯到公元前 300 年左右[22]。中国古代已大量生产并使用铜镍合金（白铜）和锌镍合金（锌白铜），春秋战国时期就已经出现了含有镍成分的兵器及合金器皿[23]。1751 年，瑞典的克郎斯塔特用红砷镍矿表面风化后的晶粒与木炭共热制得镍[2]。人类广泛开采利用镍矿的历史基本上是在工业革命之后。18 世纪时开采的镍矿主要是镍硫化矿，基本集中在挪威及波罗的海地区。1864 年，法国在新喀里多尼亚发现了大量的镍红土矿，从此揭开了人类大规模开发镍矿的历史[24,25]。随着经济的全球化发展，相继在一些南北回归线以内的国家和地区，如古巴、巴西、印度尼西亚、菲律宾、希腊、澳大利亚等国发现了储量可观的镍红土矿[22]。加拿大萨德伯里在 1883 年发现的大型镍硫化矿床对全球镍资源的开发利用起到了极大的推动作用，到目前为止它一直是全球最大的镍矿床[26]。20 世纪上半叶，苏联相继在科拉半岛及西伯利亚诺里尔斯克地区发现了大型铜镍硫化矿床，使苏联成为镍资源大国和最大的镍生产国。

中国镍工业起步较晚，新中国成立前不仅没有镍的冶炼工业，而且被认为是一个镍资源匮乏的国家。1953 年上海冶炼厂成功地用直火蒸发法从铜电解废液中制得硫酸镍，并从中提取了金属镍。1959 年，上海冶炼厂开始用从古巴进口的氧化镍生产电解镍，初期规模为年产电镍 400t，1973 年达到年产电镍 2500t 的生产能力。随着 20 世纪 50~60 年代四川会理镍矿、甘肃金川镍矿、吉林磐石镍矿以及 80 年代新疆喀拉通克镍铜矿的相继开采，镍的冶炼得到了蓬勃发展。特别是金川镍矿的发现和建成投产，不但使中国的镍资源储量跃居全球前列，而且大幅度提高了中国镍的产量，为中国现代工业的发展奠定了基础[27]。

1.3.2 镍的资源特点

镍在地壳中的丰度为 0.008%，居已知元素第 24 位，主要存在于基性或超基性岩中。全球镍资源按照地质成因主要划分为三类：岩浆型镍硫化矿、风化型镍红土矿和海底锰结核镍矿。海底锰结核中的镍约占全球总镍的 17%，但由于开采技术和海洋环境影响等因素，目前尚未实际开发。陆基镍矿床主要是镍硫化矿床和镍红土矿床[28]。镍具有亲硫性，因此在含硫丰富的环境中，镍优先与硫结合，与部分铁、铜、钴等亲硫元素一起形成硫化物熔浆，并从硅酸盐岩浆中分离出来，在一定条件下形成镍硫化矿床。当岩浆含硫不足时，镍则作为镁的类质同相矿物进入富镁的硅酸盐矿物中，并在后期较酸性矿浆中，与钴、硫一起进入热熔浆，形成镍和钴的硫化物脉状矿物。在表生条件作用下，镍不易氧化，但活动性强，当镍硫化矿岩体受风化和淋滤时，镍可以从中析出，并在一定层位沉积形成地表风化壳性镍红土矿床。目前，全球已知的镍矿物有 50 余种，常见的具有工业价值含镍矿物见表 1-3[29~31]。

表 1-3 常见的具有工业价值镍矿物

矿物名称	化学式	矿物名称	化学式	矿物名称	化 学 式
镍黄铁矿	$(Fe, Ni)_9S_8$	硫镍矿	NiS_2	镍蛇纹石	$4(Ni, Mg)_4 \cdot 3SiO_2 \cdot 6H_2O$
镍磁黄铁矿	$(Fe, Ni)_7S_8$	红砷镍矿	$NiAs$	硫镍铁矿	$(Fe, Ni)_2S_4$
砷镍矿	Ni_3As_2	针镍矿	NiS	硅镁镍矿	$H_2(Ni, Mg)SiO_4 \cdot nH_2O$
辉砷镍矿	$NiAsS$	辉镍矿	$3NiS \cdot FeS_2$	镍褐铁矿	$(Fe, Ni)OOH \cdot nH_2O$

2007~2009 年全球主要产镍国的镍储量和储量基础见表 1-4[32~37]。全球已探明陆地镍矿总储量约 230 亿吨，平均含镍量为 0.97%，镍总量约为 2.2 亿吨，其中镍硫化矿储量约为 105 亿吨，平均品位为 0.58%，镍含量约为 6200 万吨，约占陆地镍矿总资源量的 28%；镍红土矿约为 126 亿吨，平均品位为 1.28%，镍含量约为 1.6 亿吨，约占陆地镍矿总资源的 72%。中国周边国家有镍矿储量 1125 万吨，只分布在少数国家，包括俄罗斯、印度尼西亚、菲律宾、缅甸和越南，但占全球总储量比较较大，约占 23%。

表 1-4 全球主要产镍国的镍储量和储量基础

国 家	储量/万吨			储量基础/万吨		
	2007 年	2008 年	2009 年	2007 年	2008 年	2009 年
澳大利亚	2400	2600	2600	2700	2900	2900
新喀里多尼亚	710	710	710	1500	1500	1500
古 巴	560	560	550	2300	2300	2300
俄罗斯	660	660	660	920	920	920
加拿大	490	490	410	1500	1500	1500
巴 西	450	450	450	830	830	830
南 非	370	370	370	1200	1200	1200
印度尼西亚	320	320	320	1300	1300	1300
中 国	110	110	110	760	760	760
菲律宾	94	94	94	520	520	520
哥伦比亚	83	140	170	11	270	270
多米尼加	72	72	84	100	100	100
委内瑞拉	56	56	49	63	63	63
博茨瓦纳	49	49	49	92	92	92
希 腊	49	49	49	90	90	90
津巴布韦	1.5	1.5	1.5	26	26	26
其 他	210	220	390	590	610	610
合 计	6684.5	6951.5	7066.5	14502	14981	14981

　　全球镍资源主要分布情况如图 1-5 所示[38~41]。镍硫化矿资源主要分布在加拿大、俄罗斯、澳大利亚、中国、南非、博茨瓦纳、芬兰、巴西等国家，一般位于北半球较高纬度和南半球非洲、大洋洲以及南美洲沿海区域；镍红土矿资源主要分布在南北纬30°以内的热带地区，集中分布在环太平洋的热带和亚热带地区，储量丰富的国家包括新喀里多尼亚、印度尼西亚、菲律宾、澳大利亚、巴布亚新几内亚、古巴、巴西、希腊、俄罗斯以及阿尔巴尼亚等国家。

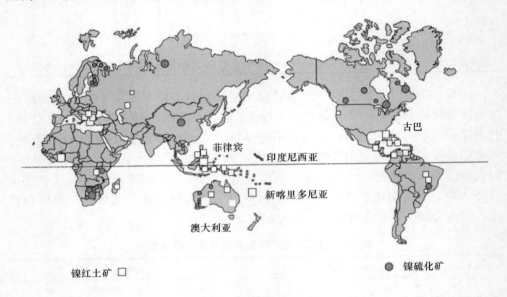

图 1-5　全球镍资源分布图

　　随着镍硫化矿的长期开采，且近 20 年来在镍硫化矿的新资源勘探上无重大突破，其保有储量急剧下降。如以年产镍量 120 万吨计算，则相当于 2 年采完加拿大伏伊希湾镍矿床（近 20 年发现的唯一大型矿床）、5 年采完我国金川镍矿（全球第三大硫化镍矿）。因此，全球镍硫化矿资源已出现资源危机，且传统的几个硫化镍矿矿山（加拿大的萨德伯里、俄罗斯的诺里尔斯克、中国的金川、澳大利亚的坎博尔达、南非的里腾斯堡等）的开采深度不断加深，矿山开采难度日益加大。为此，全球镍行业将资源开发的重点瞄准储量丰富的镍红土矿资源。

　　中国镍资源储量居全球前列，但不属于镍资源丰富的国家，已探明的镍矿点有 70 多处，储量为 800 万吨，储量基础为 1000 万吨，其中镍硫化矿占总储量的 87%，镍红土矿占 13%。中国镍资源主要分布在 19 个省（区），70%的镍资源集中在甘肃金川镍矿，其次分布在新疆（喀拉通克镍矿、哈密镍矿）、云南（金平镍矿、元江墨江硅酸镍矿）、吉林（红旗岭镍矿、赤柏松镍矿）、湖北、四川（会理镍矿、冷水菁镍矿、丹巴镍矿）、陕西（煎茶岭镍矿）和青海（拉水峡镍矿）7 个省（区），约占总储量的 27%；其余镍资源分布在江西、福建、广西、湖南、内蒙古、黑龙江、浙江、河北、海南、贵州、山东 11 个省（区），约占镍总储量的 3%。

中国镍资源的主要特点为：（1）主要分布在西北、西南、东北，集中度高，其保有储量占全国总储量的 76.8%、12.1% 和 4.9%；（2）主要是硫化铜镍矿，占全国保有储量的 86%，其次为红土镍矿，占总储量的 9.6%；（3）品位较富，平均镍大于 1% 的硫化镍富矿约占全国保有储量的 44.1%；（4）地质工作程度较高，属于勘探级别的占保有储量的 74%；（5）地下开采的比重较大，占保有储量的 68%，适合露采的只占 13%[42,43]。

1.3.3 镍红土矿资源及其开发现状

镍红土矿属于镍的氧化矿，是镍硫化矿岩体在热带或亚热带地区经过长期的风化淋滤变质而成的，是由铁、铝、硅的含水氧化物组成的疏松黏土状矿石。镍红土矿上层基本为高铁型的褐铁矿层，由于含铁的氧化矿石呈红色或红褐色而被称为红土矿。在风化过程中，上层的镍被浸出，而后在下层沉淀，取代了相应的硅酸盐和氧化铁矿物晶格中的镁和铁。

镍红土矿一般应具备以下成矿条件[38,39]：（1）基岩大多为缺乏石英的橄榄岩或蛇纹岩，含镍、钴、铁、锰等成矿元素较高、矿源丰富，且矿物组成不稳定，属可溶性矿物，易遭受表生作用，使含镍残余物富集；（2）具有炎热、多雨的气候条件，以利于岩石矿物的分解和充分的氧化，保证有足够的时间进行淋滤和再沉积；（3）具有排水条件良好的地貌条件，保证有持久的氧化环境而不至于被地下水所还原。因此，对那些分布在热带、雨水充足且排水条件良好地区的超镁铁质岩体最易形成镍红土矿，这也是多数有工业意义的镍红土矿集中分布于一些热带或亚热带国家的主要原因。表 1-5 列出了镍红土矿床不同层位的化学成分与适用的提取方法[37]。

表 1-5　镍红土矿床不同层位的化学成分与适用的提取方法

层 位	化学成分（质量分数）/%					适用提取方法
	Ni	Co	Fe	Cr	MgO	
表 层	<0.8	<0.1	>50	<0.8	<0.5	废 弃
褐铁矿层	0.8~1.5	0.1~0.2	40~50	0.8~3.0	0.5~5	湿法冶炼
过渡层	1.5~1.8	0.02~0.1	25~40	0.8~1.5	5~15	火法或湿法
腐殖土层	1.8~3.0	0.02~0.1	10~25	0.8~1.6	15~35	火法冶金
基 层	0.25	0.01~0.02	<5	0.1~0.8	35~45	不开采

根据红土矿的矿物组成和化学特征，镍红土矿风化壳剖面自上而下由五个部

分构成[44~48]：

（1）表层为铁砾岩带，其主要矿物为赤铁矿和针铁矿，镍含量很低，不具开采价值。

（2）褐铁矿层位于表层之下，其主要矿物为针铁矿、赤铁矿、高岭石，次要矿物为蒙脱石、石英、锰氧化物等；矿物成分变化一般有以下趋势：下部针铁矿为主，上部赤铁矿占优，由下往上高岭石含量逐渐减少，石英逐渐增多；镍主要以晶格取代铁的形式存在。

（3）过渡层也被称为黏土带或绿脱石带，其特点是主要矿物以绿脱石为主，并伴生有次生二氧化硅，同时含有少量针铁矿；镍主要呈类质同相和氧化物赋存于绿脱石和硬锰矿及其他氧化物之中；黏土带的化学特点是由下往上 SiO_2 含量增高，MgO 含量降低，Ni、Co、Mn 的含量在该带的顶部达到最高。

（4）腐殖土层是岩石碎块受氧化作用形成的腐泥质外壳；腐殖土主要由原生矿物相应的蚀变矿物组成，主要为叶蛇纹石及蒙脱石，其次为绿泥石、滑石及二氧化硅，有少量残存的尖晶石、磁铁矿等；主要含镍矿物为表生的硅镁镍矿，镍主要以晶格取代镁的形式存在；腐殖土带的主要化学特征是由下向上镁含量逐渐减少，而镍和硅含量逐步增高。

（5）基层处于最下层，为风化基岩带；原生矿物蚀变产生绿脱石、绿泥石、叶蛇纹石及蒙脱石，并分解出少量的铁、锰氧化物和氢氧化物；镍主要以类质同象赋存于含水硅酸盐矿物之中；该矿带位置较深，且镍含量低，基本不开采。

2008 年全球镍生产总量为 135 万吨，其中 80 万吨由镍硫化矿生产，约占镍生产总量的 58%；55 万吨由镍红土矿生产，约占镍生产总量的 42%。表 1-6 列出了全球主要镍红土矿项目[49]。镍产量居前四位的镍红土矿项目中有三个项目采用 RKEF 生产工艺；采用 RKEF、Caron 和 HPAL 工艺的生产量分别占红土矿生产镍总量的 70%、21% 和 10%。

表 1-6 2008 年全球主要镍红土矿项目

项目名称	所在国家	所属公司	镍的生产规模/万吨	工 艺 类 型
Sorowako	印度尼西亚	PT 国际镍业	7.2	RKEF①
Doniambo	新喀里多尼亚	埃赫曼	5.1	RKEF
Ravensthorpe	澳大利亚	必和必拓	5.0	HPAL②-AL③
Cerro Matoso	哥伦比亚	必和必拓	4.2	RKEF
Yabulu	澳大利亚	必和必拓	3.5	Caron④
Moa Bay	古 巴	谢里特国际公司	3.2	HPAL
Murrin Murrin	澳大利亚	米纳罗资源	3.1	HPAL
Larco-Larymna	希 腊	拉科	2.1	RKEF
Falcondo	多米尼加	斯特拉塔	1.9	RKEF

项目名称	所在国家	所属公司	镍的生产规模/万吨	工艺类型
Pomalaa	印度尼西亚	PT ANTAM	1.8	RKEF
Kavadarci	马其顿	费尼工业	1.5	RKEF
Loma de Níquel	委内瑞拉	英美资源	1.1	RKEF
Coral Bay	菲律宾	日本住友金属	1.0	HPAL
Codemin	巴西	英美资源	0.9	RKEF
Ufaleynickel	俄罗斯	乌法列伊镍业	0.9	RKEF
Berong	菲律宾	托莱多矿业	0.4	Caron
Cawse	澳大利亚	诺里尔斯克镍业	0.4	HPAL

①回转窑干燥预还原-电炉熔炼工艺（rotary kiln-electric furnace reducing smelting process）；

②高压酸浸工艺（high pressure acid leaching process，HPAL 工艺）；

③常压浸出工艺（atmosphere leaching process，AL 工艺）；

④还原焙烧—氨浸工艺（reduction roasting-ammoniacal leaching process，即 Caron 工艺）。

近年来，新建的大型镍红土矿处理厂主要集中在巴西、澳大利亚、巴布亚新几内亚、新喀里多尼亚等国家和地区（见表 1-7）[50]。Goro 是全球最大的红土镍矿，项目由巴西淡水河谷公司投资，2010 年 8 月正式投产，耗资超过 40 亿美元，镍的年产能达到 6 万吨，钴的年产能为 4000t；Ramu 和达贡山项目分别是由中冶建设集团（CMCC）和中色镍业有限公司（CNICO）投资建设的。

表 1-7　全球近期新建的大型镍红土矿项目

项目名称	所在国家	所属公司	投资总额/亿美元	镍的生产规模/万吨	工艺类型
Goro	新喀里多尼亚	巴西淡水河谷	40	6.0	HPAL
Onca Puma	巴西	巴西淡水河谷	30	5.3	RKEF
Ramu	巴布亚新几内亚	中冶建设集团	6.5	3.3	HPAL
Vermelho	巴西	巴西淡水河谷	12	4.5	HPAL
Barro Alto	巴西	英美资源	19	3.6	RKEF
Ambatovy	马达加斯加	第纳提克	45	6.0	HPAL
达贡山	缅甸	中色镍业有限公司	8.2	2.2	RKEF

2009 年全年中国累计进口镍矿 1642 万吨，同比增长 33.3%，创历史新高。其中进口镍红土矿 1586 万吨，从印度尼西亚进口 717 万吨，从菲律宾进口 869 万吨，同比增长 116%。此外还从大洋洲、欧洲和非洲共进口镍精矿约 56 万吨，这些镍精矿主要销往金川，以缓解金川公司的原料压力。进口的镍红土矿目前只有不到 10% 采用湿法冶炼，大多数采用火法冶炼生产镍铁。国内较大型的湿法

处理企业有两家，为江西江锂科技有限公司和广西银亿科技矿冶有限公司，都采用常压酸浸工艺[51,52]。

1.4 镍红土矿处理工艺概况

为了提取镍红土矿中的有价金属镍和钴，国内外针对镍红土矿的处理工艺开展了大量的研究工作。目前用于实际生产的镍红土矿处理工艺主要包括火法和湿法两大类[53~59]。同时，在生物浸出、氯化离析焙烧浸出、微波辅助浸出、超声辅助浸出等方面也开展了一系列的研究工作。火法工艺按其目的产品的不同可分为还原熔炼生产镍铁和还原熔炼生产镍锍两种工艺；湿法工艺按浸出剂的不同可分为氨浸工艺和酸浸工艺，按操作条件的不同可分为高压工艺和常压工艺。一般情况下，针对不同类型的镍红土矿需采用相适应的冶金处理方法[60~64]。

1.4.1 火法处理工艺

火法冶金工艺具有流程短、效率高等优点，适合处理腐殖土层高镁型镍红土矿，因为腐殖土型镍矿含有较低的钴和铁，Ni/Co 一般为 40，最终产品多为镍铁或镍锍，同时在冶炼过程中不回收金属钴。但火法冶金工艺也存在能耗高、污染大、综合回收率等问题，加之全球能源供应日益紧缺以及高品位矿石的大幅度减少，镍红土矿火法冶金工艺面临着严重的挑战。目前镍红土矿火法处理工艺主要包括还原—熔炼生产镍铁工艺、还原—硫化熔炼生产镍锍工艺、还原—磁选镍铁工艺、高炉冶炼镍铁工艺等[65~67]。

1.4.1.1 还原—熔炼生产镍铁工艺

还原—熔炼生产镍铁工艺是目前全球用得最多的火法处理镍红土矿工艺，目前至少有 20 多家工厂采用还原—熔炼技术生产镍铁，且基本采用 RKEF 工艺[68~70]。还原—熔炼生产镍铁的原则工艺流程如图 1-6 所示[57]。将矿石破碎筛分至 50~150mm，送入干燥窑干燥至矿石既不黏结也不太粉化，再送入回转窑中煅烧，煅烧温度在 700℃左右；煅烧后得到的焙砂直接加入电炉，并加入 10~30mm 挥发性煤，经 1000℃还原熔炼获得粗镍铁合金。在还原熔炼过程中，几乎所有的镍和钴的氧化物都被还原成金属，而铁的还原度则可通过还原剂的加入量加以控制[71,74]。还原—熔炼工艺特别是 RKEF 工艺适合处理各种类型的镍红土矿，生产规模可大可小，对入炉炉料的粒度也没有严格的要求[58]。

1.4.1.2 还原—硫化熔炼生产镍锍工艺

从镍红土矿中提取镍的第一个流程于 1879 年在新喀里多尼亚建立，当时采用火法冶金的鼓风炉技术生产镍锍[45]。苏联从 20 世纪 20 年代开始，相继在乌

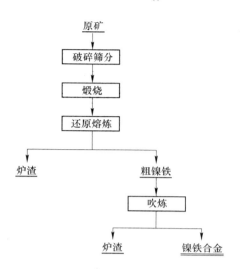

图 1-6 还原—熔炼生产镍铁工艺流程

发列镍厂和南乌拉尔镍公司采用造锍熔炼法生产镍锍。还原—硫化熔炼生产镍锍的原则工艺流程如图 1-7 所示[57]。其工艺是在还原—熔炼生产镍铁工艺的基础上，在 1500～1600℃ 的电炉熔炼过程中加入硫化剂，产出低镍锍，然后再通过吹炼生产高镍锍[53]。镍锍的成分可以通过调节还原剂量和硫化剂量加以控制。目前可供选择的硫化剂包括黄铁矿（FeS_2）、石膏（$CaSO_4 \cdot 2H_2O$）、硫黄和含硫的镍原料。目前全球高镍锍的主要工厂包括新喀里多尼亚 Doniambo 冶炼厂和印度

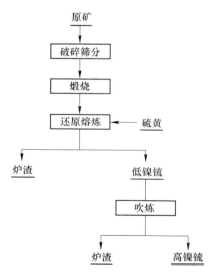

图 1-7 还原—硫化熔炼生产镍锍工艺流程

尼西亚 Sorowako 冶炼厂。高镍锍产品一般镍质量分数为 79%，硫质量分数为 19.5%，全流程镍的回收率约为 70%[75]。该工艺由于流程长、能耗高、金属回收率低，目前采用该工艺的生产厂家不多。

1.4.1.3　还原—磁选镍铁工艺

从 20 世纪 30 年代开始，日本冶金工业公司投资的大江山工厂采用回转窑还原—磁选法（又称克虏伯-雷恩法）从附近大江山矿开采的褐铁矿型镍红土矿中生产海绵铁；50 年代后该厂改用进口硅镁镍矿作原料，开始生产制造不锈钢用的镍铁[76,77]。其主要工艺流程为：原料经破碎筛分后与含碳物料及熔剂石灰石混合制团，团块经预热器连续供入回转窑，经干燥和还原焙烧后，生成海绵状镍铁合金；合金与渣的混合物经水淬冷却、细磨后，用磁选机将镍铁合金从渣中分离出来，然后将此产品运往川崎钢厂作为不锈钢生产的原料。其原则工艺流程如图 1-8 所示。这是世界上唯一采用回转窑直接还原熔炼镍红土矿的方法。该工艺的特点是冶炼温度较低，因此产出的镍铁粒中 C、Si、Cr、P 等杂质含量较低。与传统的还原—熔炼制备镍铁工艺相比，其最大的优点是能耗少、生产成本低，这主要是因为回转窑的能效很高，且能耗中 85% 的能源由煤提供；该工艺的主要缺点是镍红土矿中的钴不能单独回收，且工艺技术条件控制较为苛刻，技术条件的波动直接影响镍铁质量、金属回收率以及生产能力。虽然经过几十年的发展和多次技术改进，大江山冶炼厂的镍年产能一直在 1 万吨左右。

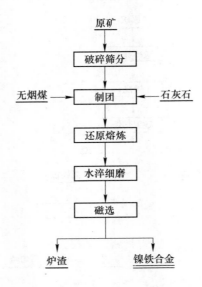

图 1-8　还原—磁选生产镍铁工艺流程

1.4.1.4 高炉冶炼镍铁工艺

高炉生产镍铁是最早出现的镍红土矿处理方法。1863 年发现镍红土矿后，即开始用高炉工艺处理难熔的镁质硅酸盐镍红土矿石。由于能源消耗、环境保护、投资和生产成本等原因，这种工艺已被淘汰。除了中国以外，目前全球已经没有采用这种工艺生产镍铁的工厂[78]。2005 年以来，由于镍价的大幅度上升，这种工艺在原料价位低、产品价位高、环保政策和能源政策执行不利的情况下在中国得到了发展，国内高炉冶炼低镍生铁企业大幅度增加，均由冶炼生铁的小高炉转产低镍生铁，不存在设备投资及技术风险，使落后污染淘汰的产能反弹。该工艺主要存在以下缺点：（1）镍回收率低，普遍低于 90%；（2）能耗高，必须使用高价的焦炭；（3）产品中 C、Si、P、S 等杂质含量高；（4）环境污染严重。随着国家节能减排力度的不断加大和环保要求的不断提高，该工艺已逐步被淘汰。镍红土矿高炉冶炼镍铁工艺过程主要为：矿石破碎筛分—配料烧结—高炉冶炼—低镍生铁[66]，其工艺相对较为简单。

1.4.2 湿法处理工艺

湿法工艺一般适应于处理低品位褐铁矿层或过渡层镍红土矿，该类矿石铁含量较高，镁含量较低。目前湿法处理工艺主要包括还原焙烧—氨浸工艺、硫酸化焙烧—水浸工艺、高压酸浸工艺、常压酸浸工艺、高压—常压联合工艺，其中常压酸浸工艺主要包括常压硫酸浸出和常压盐酸浸出[79~84]。

1.4.2.1 还原焙烧—氨浸工艺

还原焙烧—氨浸工艺是 Caron 教授发明的，所以又称做 Caron 流程[85]。古巴 Nicaro 镍厂于 1943 年首次将还原焙烧—氨浸法用于工业生产，处理高氧化镁型镍红土矿[86]。20 世纪 70 年代以来，澳大利亚的 Yabulu、菲律宾的 Surigao、菲律宾的 Berong 以及印度的 Sukhinda 都先后采用该法处理镍红土矿[87~91]。还原焙烧—氨浸原则工艺流程如图 1-9 所示[1]。

还原焙烧—氨浸工艺主要流程为：矿石经破碎、筛分后在多膛炉或回转窑中进行选择性还原焙烧，还原焙砂用氨—碳酸铵溶液进行逆流浸出，经浓密机处理后得到的浸出液经净化、蒸氨后产出碳酸镍浆料，再经回转窑干燥和煅烧后，得到氧化镍产品，并用磁选法从浸出渣中选出铁精矿[92~94]。焙烧过程采用的还原剂主要是煤或者还原性气体，其主要目的是将矿石中的镍和钴还原，而三价铁大部分还原为磁性的 Fe_3O_4，少数还原成金属 Fe；氨浸的主要目的是将焙砂中的镍和钴以配氨离子的形式进入溶液，而铁、镁等主要杂质仍以单质或氧化物的形式留在浸出渣中，从而实现镍、钴与铁等杂质的初步分离[95~97]。该工艺的优点是

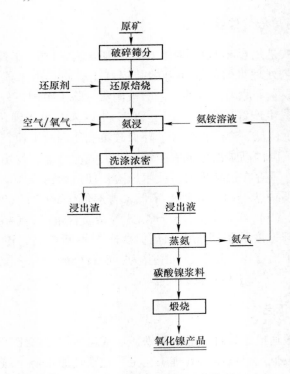

图 1-9　还原焙烧—氨浸工艺流程

常压操作，浸出液杂质含量较少，浸出剂中的氨可回收；主要缺点是镍钴回收率较低，镍的回收率为 75% ~ 80%，钴的回收率低于 50%。到目前为止，全球只有少数几家工厂采用该法处理镍红土矿，30 多年来很少有新建工厂采用氨浸工艺[98,99]。

1.4.2.2　硫酸化焙烧—水浸工艺

硫酸化焙烧—水浸工艺是将镍红土矿在 SO_2/O_2 气氛中焙烧，使镍和钴氧化物转化为对应的硫酸盐，而铁仍以不溶性氧化物形式存在，通过直接水浸选择性提取镍和钴[100]。该工艺的缺点是反应过程难以控制。其原则工艺流程如图 1-10 所示。Canterford[101,102] 等采用该工艺处理了澳大利亚的镍红土矿，适宜的焙烧温度为 650 ~ 750℃，且矿石中镁含量越高，所需焙烧温度越低。其他因素，如 SO_2 分压、原料粒度以及钠盐的加入量，对镍和钴回收率也具有较大影响。Kar 等人[103] 采用该工艺处理了印度的镍红土矿。研究表明，最佳的焙烧温度为 700℃，另外 SO_2 分压、O_2 分压和金属盐加入量对镍和钴浸出率影响较大。

另外，硫酸熟化—水浸工艺[104,105] 和硫酸熟化焙烧—水浸工艺[106] 也被用

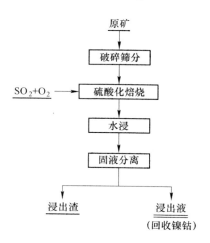

图 1-10 硫酸化焙烧—水浸工艺流程

于处理镍红土矿。硫酸熟化—水浸工艺是将浓硫酸与镍红土矿均匀混合，并在 100~150℃ 下烘烤一段时间，然后用水直接浸出。其主要问题是铁浸出率高，浸出液极难过滤。硫酸熟化焙烧—水浸工艺是将浓硫酸与镍红土矿均匀混合，然后在 700℃ 左右焙烧一段时间，焙砂用水直接浸出。该工艺能从镍红土矿中选择性地提取镍和钴，具有良好的发展前景。

1.4.2.3 高压硫酸浸出工艺

镍红土矿的高压硫酸浸出工艺基于以下原理，即氧化铁、氧化铝和氧化铬的硫酸盐在高温时甚至在高酸度的溶液里几乎完全水解，但镍和钴的硫酸盐在这种条件下稳定存在[107,108]。该工艺适合处理低镁型褐铁矿层镍红土矿，其最大优点是镍钴浸出率均达到 90% 以上，铁的浸出率可低于 1%[109~111]。

20 世纪 50 年代在古巴 Moa Bay 建立的高压酸浸法处理红土矿的生产基地，标志着湿法冶金技术从红土矿中提取镍的开始。它是全球第一个采用高压硫酸浸出工艺处理镍红土矿的工厂[45]。1998 年下半年，澳大利亚的 Murrin Murrin、Cawse 和 Bulong 三个采用高压硫酸浸出新工艺的镍红土矿开发项目陆续投入生产运营[112~114]。近年来，全球建成的镍红土矿项目基本采用高压硫酸浸出工艺，包括新喀里多尼亚的 Goro、巴布亚新几内亚的 Ramu、巴西的 Vermelho 以及马达加斯加的 Ambatovy 等。

高压硫酸浸出过程的反应温度一般为 240~250℃。在此温度下，Ni、Co 等氧化物与 H_2SO_4 反应形成可溶的硫酸盐进入溶液，而铁则形成难溶的赤铁矿留在渣中。浸出过程是在高压浸出釜内进行的，浸出釜的材质为碳钢衬砖或钢-钛复合材料[115~117]。高压浸出矿浆经闪蒸降温后，用浓密机逆流倾析洗涤，得到的浸出液经中和后用硫化氢处理并得到高品位的镍钴硫化富集物,送镍钴精炼厂进行镍钴的分离提取[118~120]。其原则工艺流程如图 1-11 所示。高压硫酸浸出工艺的缺点是投资费用高、建设周期长和操作条件苛刻(250℃时高压釜内蒸气压力约为4MPa(40atm))[121~124]。同时,高压硫酸浸出工艺自从在古巴 Moa Bay 工厂应用以来,就伴随着反应器容易结垢,造成工艺生产周期短、效率低的问题。据统计,Moa Bay 工厂每年平均消耗 1/4 的工作时间用于停产清理高压釜中的结垢;澳大利亚新建的 3 个高压硫酸浸出项目,在开工后也不同程度地遇到了此问题[125~128]。

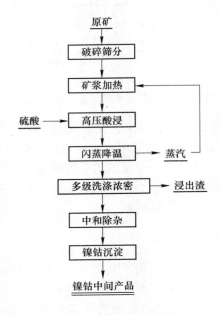

图 1-11 高压硫酸浸出工艺流程图

1.4.2.4 常压硫酸浸出工艺

虽然高压硫酸浸出工艺具有较高的镍钴浸出率和较低的加工成本,但是其高温高压的工艺条件带来了操作难度大、设备投资高等一系列问题。因此,越来越多的研究者将目光转向了常压酸浸工艺,寻求在常压条件下从镍红土矿中提取镍钴等有价金属的方法[129~134]。

Arroyo 等人[135~137]对褐铁矿型镍红土矿的常压硫酸浸出进行了一系列的研究,并申请了相关专利。Büyükakinci 等人[138]研究了绿脱石和褐铁矿型镍红土矿的常压硫酸搅拌浸出过程。研究表明,在 95℃搅拌 24h 的相同条件下,当每吨绿脱石中硫酸加入量为 669kg 时,镍和钴的浸出率分别为 96.0% 和 63.4%;当每吨褐铁矿中硫酸加入量为714kg时，镍和钴的浸出率为93.1%和75.0%。国内学者也对常压硫酸处理镍红土矿进行了大量的研究。结果表明，常压硫酸浸出法具有工艺简单、投资少、能耗低等优点，但也存在镍钴浸出率低、矿浆固液分离困难、浸出液杂质含量高和加工成本高等缺点[139~143]。此外，虽然在常压硫酸堆浸方面也有研究，但其反应时间长、镍钴浸出率低的缺点非常突出[144~146]。

1.4.2.5 常压盐酸浸出工艺

采用常压盐酸法处理镍红土矿比较成熟的工艺是加拿大 Chesbar Resource 公司开发的 Chesbar—氯化物介质常压酸浸工艺[147]。其原则工艺流程如图 1-12 所示。与常压硫酸浸出过程相比，该工艺具有以下几大优点：（1）对于褐铁矿型和腐殖土型红土矿都适应，因此可简化采矿方案，增加采矿的经济性；（2）氯化物系统浸出矿浆极易过滤；（3）通过水热解工艺，HCl 循环使用，同时产生有潜在价值高品级 MgO；（4）通过水热解工艺，废水排放量大大减少，省去了流出液的处理。

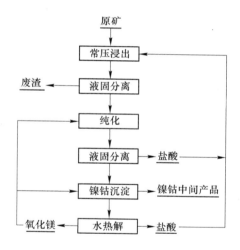

图 1-12 Chesbar—氯化物介质常压酸浸工艺流程

符芳铭等人[148,149]研究了云南元江地区镍红土矿的常压盐酸浸出过程。实验用稀盐酸作浸出剂，以抗坏血酸作还原剂，在抗坏血酸用量与矿料质量比为3∶1、浸出温度60℃、浸出酸料质量比为2∶7、固液比为1∶4、反应时间为1h条件下，镍的浸出率达95%，钴的浸出率在65%左右，铁和锰的浸出率也达到了95%以上。

国外大量的研究也表明[150~155]，常压盐酸浸出镍红土矿具有镍浸出率高、反应速度快等优点，但是大量浸出的铁也给浸出液的后续处理带来了较大的困难。

1.4.2.6　硫酸高压—常压联合工艺

不管是高压酸浸过程还是常压酸浸过程，在处理低镁型镍红土矿时，都会产生大量的游离酸，在后续处理中也都面临中和以及除铁等杂质的问题。因此，出现了用高镁型镍红土矿进行二段常压浸出的工艺，其目的就是中和浸出液中的游离酸，沉淀去除大部分的三价铁离子。

Garingarao[156]最早将两段常压浸出法用于处理不同层位的镍红土矿。在常压硫酸浸出低镁型镍红土矿的浸出液中加入高镁型镍红土矿进行二段常压浸出，达到了中和游离酸和浸出镍的双重效果。Zundel[157]采用高镁型镍红土矿在常压状态下中和高压酸浸液，然后又将浸出渣返回高压过程浸出剩余的镍。Chou[158]在专利中正式提出了著名的 AMAX 工艺流程，即一种采用高镁型镍红土矿来中和镍红土矿高酸浸出液的思想。Murai 等人[159,160]分析了高压—常压过程处理镍红土矿的经济性，并指出生产镍钴氢氧化物产品比生产硫化物产品的经济性要高。

必和必拓公司在 2001～2004 年申请了一系列的专利[161~164]，开发了 EPAL 工艺流程，应用于 Ravensthorpe 项目处理澳大利亚镍红土矿。EPAL 工艺流程图如图 1-13 所示。具体流程为：采用硫酸加压浸出褐铁矿型镍红土矿，得到的闪蒸矿浆直接采用含高镁型腐殖土层镍红土矿进行中和浸出，利用闪蒸后矿浆的余热直接反应。同时，在 K^+、Na^+、NH_4^+ 存在的情况下，通过加入晶种，使溶液中的 80% 以上的铁形成黄铁矾沉淀。随后补充加入石灰石矿浆，促使形成更多的黄钾铁矾，这个过程称为诱导铁矾沉淀法。中和浸出过程中镍的浸出率可以达到 89% 以上，浸出液含铁低于 3g/L。在中和浸出液中加入氧化镁，生产镍钴混合产物，然后用船运到昆士兰州的 Yabulu 精炼厂进行精炼处理。

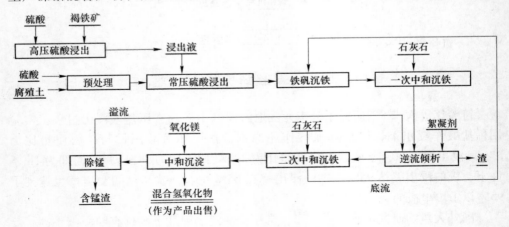

图 1-13　EPAL 镍红土矿酸浸工艺流程

EPAL 工艺的主要优点是酸耗低、镍钴浸出率高、中和剂消耗少以及浸出液纯度较高。

1.4.3 生物浸出工艺

生物浸出是一种通过微生物从矿石中提取有价金属的湿法冶金方法，利用微生物自身的氧化或还原特性，使矿产资源中的有用成分氧化或还原，以水溶液中离子态或沉淀的形式与原矿石分离。其浸出方式包括搅拌浸出、堆浸、渗滤槽浸、地浸等。有研究表明，一些异养生物如真菌黑曲霉（aspergillus niger）和大肠杆菌对葡萄糖代谢的末端产物分别是己二酸和甲酸，它们在酸性溶液具有一定的还原性[165]。

Sukla 等人[166]开展了真菌黑曲霉处理印度镍红土矿的研究。在浸出温度 37℃、矿浆浓度 50g/L、搅拌转速 120r/min 条件下，经过 20 天浸出后，镍浸出率达 90%，钴浸出率达 34%。另外，Sukla 等人[167~169]研究了超声波在真菌黑曲霉浸出镍红土矿过程中的影响，指出在矿浆浓度 8.3%、超声频率 20kHz、超声强度 $1.5W/cm^2$、超声时间 30min、反应时间 14 天的条件下，镍的浸出率达到 95% 以上。Situate 等人[170,171]的研究表明生物浸出过程中生物体的数目、体系 pH 值、矿浆浓度及细菌的培养基对镍红土矿中镍的浸出率有重要影响。Valix[172] 采用真菌黑曲霉和青霉菌浸出褐铁矿、腐殖土、绿脱石等类型镍红土矿。研究表明，腐殖土中的镍和钴容易被真菌黑曲霉浸出，褐铁矿中的镍和钴容易被青霉菌浸出。

生物浸出工艺的优点是能耗非常低、工艺绿色环保，但其反应速度慢、浸出率低、环境条件影响大以及细菌耐热性较差等缺点也非常明显。目前，生物浸出工艺处理镍红土矿处于实验室研究阶段，存在的问题难以解决，离工业应用仍有相当大的距离[173~175]。

1.4.4 氯化离析工艺

氯化离析是指在矿石中加入一定量的碳质还原剂（煤或焦炭等）和氯化剂（氯化钠、氯化钙、氯化钾等），在较弱或中性还原气氛下进行热处理，使有价金属形成氯化物挥发，同时氯化物又在还原剂表面被还原成金属单质的过程[7]。氯化离析既不同于简单的氯化过程，也不是单纯的还原反应，而是两者的结合。氯化离析的后续处理工艺包括磁选和氨浸两种。氯化离析—磁选是将氯化离析生成的金属颗粒用选矿的方式富集，产出品位较高的金属精矿；氯化离析—氨浸是将氯化离析生成的金属颗粒在通氧的情况下用氨性溶液浸出，并从浸出液中回收有价金属。

李金辉等人[7]采用氯化离析—磁选工艺处理我国云南元江镍红土矿：采用氯

化钠和氯化镁为氯化剂，烟煤为还原剂，在离析温度 1000℃、离析时间 90min、强弱磁场结合磁选的条件下获得镍精矿，其镍品位为 5.79%，镍回收率为 87.69%，钴回收率为 69.02%。王成彦[176]采用氯化离析—氨浸工艺处理我国云南元江镍红土矿：采用氯化钠为氯化剂，焦末为还原剂，在离析温度为 900℃、离析时间 180min 的条件下获得焙砂；焙砂经水冷后采用氨溶液浸出，镍浸出率为 81.54%，钴浸出率为 55.63%。

1.4.5　微波浸出工艺

微波是指频率为 300MHz ~ 300GHz 的电磁波，主要应用于通信和加热两大领域。微波加热技术始于 20 世纪中期，用于食品加工；近 20 年来，微波加热技术的应用在冶金、材料等领域逐渐兴起[177]。微波加热是将电能以电磁波的形式输送给被加热的物质并在其内部转化成热能的过程。与传统的加热方式相比，微波加热具有加热均匀、热效率高、清洁无污染、启动和停止加热非常迅速等优点[178]。

翟秀静等人[179,180]考察了微波加热—硫酸浸出镍红土矿的过程，指出镍、铁浸出率和反应体系的温度随着微波辐射功率的提高而增加；在微波功率为 955W，H_2SO_4 浓度为 0.9mol/L，液固比为 6∶1，反应时间 40min 的条件下，镍的浸出率可达到 99%。另外，微波加热技术也被应用于镍红土矿的还原焙烧—稀硫酸浸出过程[181,182]。Che 等人[183]研究了微波加热对于硫酸浸出镍红土矿过程的影响，并计算出浸出过程活化能为 38.9kJ/mol。华一新等人[184]研究了微波加热—$FeCl_3$ 氯化处理低品位镍红土矿的过程，指出其经济技术指标明显高于传统加热过程。Pickle 等人[185]研究了褐铁矿型镍红土矿的微波加热性能，发现在低温下这些矿石的介电常数相对较低，但仍可利用微波对它们进行加热，并指出当温度高于 600 ~ 800℃之后介电常数迅速增加，结合这些矿石的低导热系数，可促使样品内部的温度迅速升高。

1.5　研究背景及主要研究内容

1.5.1　研究背景

随着镍硫化矿的逐渐枯竭，镍红土矿已经成为全球镍资源开发的重点。我国镍资源相对贫乏，仅在云南、青海等少数几个地区发现了可开采型镍红土矿，其中青海元石山地区镍红土矿为我国第二大镍红土矿床，具有较高的开发和利用价值。该矿石中主要有价金属为镍和钴，但由于其组分复杂，镍、钴相对含量不高，致使矿石选冶工艺难度较大。虽然国内一些研究单位对此矿开展了许多研究工作，但目前其开发利用仍停留在初始阶段。因此，针对元石山矿床性质和特点，开展适应性镍钴冶金提取工艺研究具有重要的意义。

我国自有镍资源无法满足国内日益增长的镍消费需求，70%以上的镍资源需从国外进口。开发国外镍资源是解决我国镍供需矛盾的关键。位于赤道和南北回归线之间临近我国的东南亚国家蕴藏丰富的镍红土矿资源，是我国镍资源重要的来源地。2009年，我国从国外进口镍红土矿约占全年进口镍矿资源的97%，且基本从菲律宾和印度尼西亚进口。

低品位褐铁矿型镍红土矿的处理适合采用湿法冶金工艺，其中技术最成熟的工艺是高压酸浸法。该工艺具有镍钴浸出率高、浸出液易处理等优点，但也存在工艺操作难度大、一次性设备投资高、检修频繁等问题。这些问题成为该工艺发展不可逾越的障碍。因此，人们在完善高压酸浸工艺的同时也将目光转向了常压湿法工艺，这些工艺包括还原焙烧—氨浸、硫酸熟化焙烧—浸出、常压盐酸浸出、常压硫酸浸出、生物浸出等，但这些流程普遍存在一些技术难题。因此，针对低品位镍红土矿的湿法处理工艺还需要进行大量的研究工作。

1.5.2 主要研究内容

本书针对我国青海元石山以及菲律宾 Tubay 和 Mati 矿区低品位褐铁矿型镍红土矿资源特点，分别采用还原焙烧—氨浸、硫酸熟化焙烧—浸出和常压盐酸浸出工艺对其进行处理实验研究。研究结合工艺过程反应热力学和动力学以及优化实验设计等理论研究和统计方法，探讨适宜的工艺路线和工艺参数，为低品位镍红土矿的工业技术开发提供理论和技术依据。本书研究工作将主要围绕以下内容展开：

（1）矿石原料性质成分和物相结构分析。通过研究不同地区矿石的性质、化学成分以及物相组成，确定各主要元素的赋存状态，为不同地区矿石的湿法冶金处理工艺路线提供依据。

（2）还原焙烧—氨浸工艺处理青海元石山地区低品位褐铁矿型镍红土矿的研究。在还原焙烧过程和氨浸过程热力学研究基础上，采用还原焙烧—氨浸工艺处理元石山地区镍红土矿，研究各工艺条件对浸出效果的影响，确定适宜的工艺条件；采用优化实验设计探讨还原焙烧过程优化条件或区域，并研究氨浸过程反应动力学，探讨提高有价金属浸出率的措施。

（3）硫酸熟化焙烧—浸出工艺处理菲律宾 Tubay 地区低品位褐铁矿型镍红土矿的研究。在相关理论研究基础上，分别采用硫酸熟化焙烧—水浸工艺和酸熟化焙烧—氨浸工艺处理 Tubay 地区镍红土矿，探索工艺条件对金属浸出率的影响，确定适宜的工艺条件；对硫酸熟化焙烧过程进行优化实验设计，探讨过程优化条件或区域；研究工艺过程金属硫酸化反应动力学，探讨反应控制步骤及提高硫酸化程度的措施。

（4）常压盐酸浸出工艺处理菲律宾 Mati 地区低品位褐铁矿型镍红土矿的研究。在浸出过程热力学研究基础上，采用常压盐酸工艺处理 Mati 地区镍红土矿，考察各工艺条件对金属浸出率的影响，确定适宜的工艺条件，并研究浸出过程反应动力学。

2　实验研究方法

2.1　矿石原料

2.1.1　矿石来源及矿床特点

实验原料分别来自我国青海省平安县元石山矿区、菲律宾南部棉兰老岛 Tubay 矿区和 Mati 矿区。

元石山位于我国青海省经济较为发达的东部地区。该地区属高寒山区，海拔高（3255m），气温低，但交通发达，附近电力、水源充足，开发条件颇为优越。该矿床于 1958 年发现并被勘察，但由于技术和社会等各种原因，该矿床直到最近才正式被开发[63]。元石山矿床属拉鸡山成矿带上比较典型的镍红土矿矿床，其镍品位在 0.6% ~ 1.2% 之间，是我国第二大镍红土矿床，具有较高的开发和利用价值。元石山矿床可开采镍储量为 7.9 万吨，基础储量为 9.8 万吨；可开采钴储量为 0.4 万吨，基础储量为 0.5 万吨[186]。元石山矿床特点为：矿体产于辉橄相岩体的边部，为超基性杂岩体。蚀变岩石与矿体呈条带状、似层状分布，上部含矿带垂向分带：超基性岩（辉石岩）—全硅化岩—铁镍矿体—全碳酸盐化岩—蛇纹岩；下部含矿带垂向分带：超基性岩（蛇纹岩）—全碳酸盐化岩—铁镍矿体—全硅化岩。该矿床共有 3 种矿石类型，即铁镍矿石、镁镍矿石和硅镍矿石[187]。

菲律宾是一个热带岛国，位于赤道附近，属热带季风性气候，大部分地区常年炎热湿润，雨量充沛，风化作用强，非常有利于镍红土矿的形成。棉兰老岛是菲律宾仅次于吕宋岛的第二大岛，其镍红土矿区包括 Tubay、Mati、Nonoc 等，均属于典型的"湿型"矿床，各矿层分布较为明显。矿床的上部第一层为完全风化的表层，第二层为黄褐色的褐铁矿层，第三层为黄色的过渡层，第四层为黄绿色的腐殖土层，最下面一层为未风化的超基性岩层[12]。矿床具有开发价值的矿层为中间三层，其中褐铁矿层多采用湿法处理，腐殖土层一般采用火法处理。近年来，每年从菲律宾进口的镍红土矿占我国镍矿石总进口量的 40% 以上，其中 2009 年更是达到 53%。因此，采用菲律宾镍红土矿作为实验原料，具有较好的代表性。

样品采自我国青海元石山矿区、菲律宾 Tubay 矿区和 Mati 矿区的褐铁矿层，分别编号为 YSM、TB 和 MT。

2.1.2 化学组成分析

为了确定 3 个编号样品中主要元素的种类和含量，对其进行化学成分分析，结果分别见表 2-1 ~ 表 2-3。

表 2-1 YSM 样品化学成分分析结果

元 素	Ni	Co	Fe	Mn	Mg	S
含量(质量分数)/%	1.12	0.03	46.57	0.28	0.39	0.02
元 素	Si	Al	Cr	Zn	Cu	As
含量(质量分数)/%	1.07	0.53	3.94	0.12	0.01	1.17

从表 2-1 可知，YSM 样品中镍含量为 1.12%，铁含量接近 50%，Ni/Fe 为 0.024，镁含量极低，说明该矿属于典型低品位褐铁矿型镍红土矿，其风化程度非常高。钴含量极低，仅 0.03%，镍钴比达到 37，所以镍是该矿石中最具有回收价值的有价金属元素。同时，该矿含砷 1% 左右。

表 2-2 TB 样品化学成分分析结果

元 素	Ni	Co	Fe	Mn	Mg	S
含量(质量分数)/%	1.11	0.18	47.74	1.12	0.18	0.12
元 素	Si	Al	Cr	Zn	Cu	As
含量(质量分数)/%	1.37	2.60	1.04	0.12	0.01	—

从表 2-2 可知，TB 样品中镍含量为 1% 左右，铁含量接近 50%，同样属于典型的低品位褐铁矿型镍红土矿。相对于 YSM 样品，TB 样品中的钴含量较高，达到 0.18%，镍钴比超过 6，因此从该矿石中提取镍的同时需要考虑钴的综合回收，以提高工艺的经济性。

表 2-3 MT 样品化学成分分析结果

元 素	Ni	Co	Fe	Mn	Mg	S
含量(质量分数)/%	0.75	0.12	51.36	0.86	3.96	0.08
元 素	Si	Al	Cr	Zn	Cu	As
含量(质量分数)/%	1.53	2.11	0.96	0.04	0.005	—

从表 2-3 可知，MT 样品属于低品位褐铁矿型镍红土矿，相对于 YSM 和 TB 样品，其镍含量略低，仅为 0.75%；铁含量超过 50%，镁含量相对较高，达到 4% 左右，表明其风化程度略低。

2.1.3 物相结构分析

对三个编号样品进行 X 射线衍射分析（XRD），确定其物相结构，其结果分别如图 2-1 ~ 图 2-3 所示。

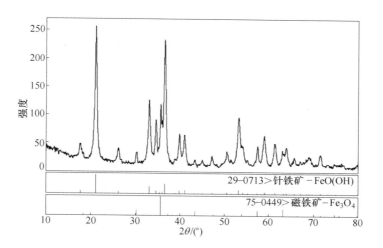

图 2-1 YSM 样品 XRD 分析结果

从图 2-1 可知，YSM 样品中的主要矿物为针铁矿，并含有少量磁铁矿，说明该样品属于典型的褐铁矿型镍红土矿。图中未显示镍、钴等有价金属的矿物，主要有两个原因：一是镍钴含量少，其相关矿物的衍射峰非常微弱；二是镍钴可能主要以晶格取代的形式存在于铁的矿物中，无单独的镍或钴矿物存在。矿物中铬含量较高，但也没有其化合物的明显衍射峰存在。

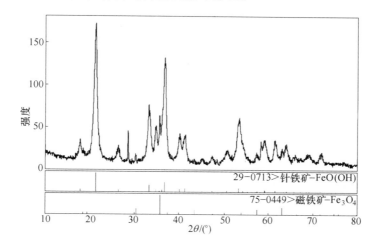

图 2-2 TB 样品 XRD 分析结果

从图 2-2 可知，TB 样品与 YSM 样品在物相组成上基本一样，主要矿物为针铁矿，同时含有少量磁铁矿。

从图 2-3 可知，MT 样品中含有的矿物包括针铁矿、磁铁矿、滑石和蛇纹石，

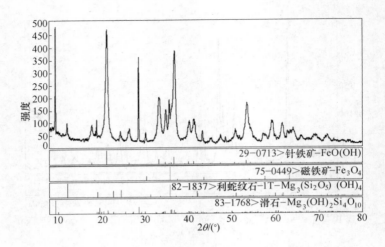

图 2-3 MT 样品 XRD 分析结果

其中主要矿物是针铁矿。该矿石中镁含量相对较高，在其 XRD 图谱中显示出明显的镁矿物衍射峰，但根据化学成分分析和衍射峰面积估算，该样品中镁矿物的含量相对针铁矿来说非常少。

2.1.4 元素赋存状态分析

上述化学组成和物相结构分析表明，样品中镍、钴等元素含量低，且没有发现单独的相关矿物存在。对样品进行元素赋存状态分析，有利于提供适宜的处理方法，并对处理过程中的元素行为做出理论解释。一般情况下，镍、钴等元素在红土矿中的存在形式有以下三种：

（1）附着在非晶型或弱晶型矿物中，主要是以物理吸附形式存在，可以采用弱酸性溶液浸出；

（2）以弱吸附的形式存在于晶体矿物表面，其吸附作用表现为化学吸附，需采用较强的酸才能被浸出；

（3）以晶格取代的方式存在于矿物中，以最牢固的形式与矿物结合，在常温常压条件下，需采用强酸或者混合酸才能被完全浸出[188]。

分析实验采用串级浸出的方式进行。首先将矿石样品磨至 0.074mm（200 目）以下，取 10g 进行浸出实验。先将样品用 0.2mol/L 的草酸-草酸铵溶液（pH 值为 3.0 ~ 3.3）浸出，浸出液经定容、分析后确定以物理吸附形式存在的元素含量；所得矿浆过滤，滤渣用 0.05mol/L H_2SO_4 溶液（pH = 1.0）继续浸出，浸出液经定容、分析后确定以化学吸附形式存在的元素含量；最后用混合酸（HNO_3 + $HClO_4$ + HF，5∶2∶15（体积分数））将残渣全部溶解，所得溶液经定容、分析后确定晶格取代形式存在的元素含量。浸出实验在三口烧瓶中进行，采用水浴加热和机械螺旋强力搅拌，以保证浸出反应的完全。浸出时间为 2h，浸出温度为 80℃。通过测定元素在三份浸出液中含量，即可计算该元素在矿石中不同赋存状态的比例，其分析结果见表 2-4 ~ 表 2-6。

表 2-4　YSM 样品元素赋存状态分析结果

元素		Ni	Co	Cr	Zn	Fe	Mn	Mg
所占比例 /%	草酸-草酸铵浸出	0.15	0.03	2.12	1.23	0.05	0.71	20.08
	稀硫酸浸出	0.21	0.05	1.13	1.71	0.03	0.45	15.59
	混合酸浸出	99.64	99.92	96.75	97.06	99.92	98.84	64.33

表 2-5　TB 样品元素赋存状态分析结果

元素		Ni	Co	Cr	Zn	Fe	Mn	Mg
所占比例 /%	草酸-草酸铵浸出	8.35	75.43	14.69	11.40	2.34	55.80	3.15
	稀硫酸浸出	2.41	18.01	1.64	5.38	1.96	21.04	0.66
	混合酸浸出	89.24	6.56	83.67	83.22	95.70	23.16	96.19

表 2-6　MT 样品元素赋存状态分析结果

元素		Ni	Co	Cr	Zn	Fe	Mn	Mg
所占比例 /%	草酸-草酸铵浸出	8.84	30.83	8.44	9.24	2.81	26.15	14.10
	稀硫酸浸出	8.32	48.49	1.39	12.64	2.51	38.16	60.51
	混合酸浸出	82.84	20.68	90.17	78.12	94.68	35.69	25.39

从表 2-4 可知，采用草酸-草酸铵溶液浸出 YSM 样品时，镍浸出率为 0.15%，说明该样品中仅有 0.15% 的镍是以物理吸附状态存在，附着在非晶型或弱晶型针铁矿中，容易被浸出；稀硫酸浸出过程中，镍浸出率为 0.21%，说明样品中仅有 0.21% 的镍是以化学吸附的形式存在于针铁矿中；另外，99.64% 的镍是以晶格取代的形式存在于针铁矿中。镍、钴、锰、铬、锌的浸出行为基本一致，表明其赋存状态都以晶格取代为主；铁也只有在混合酸处理过程中才能被浸出，说明其是以稳定针铁矿晶体形式存在。与铁相比，镁以非晶型或弱晶型镁矿物存在的比例相对较高，以稳定晶体矿物存在的比例相对较低。

从表 2-5 可知，TB 样品与 YSM 样品相比，其矿物中的非晶成分明显较高。采用草酸-草酸铵浸出时，钴浸出率为 75.43%，锰浸出率为 55.80%，说明大部分的钴是以物理吸附氧化锰颗粒为主，其浸出非常容易；铁浸出率较低，被浸出的铁主要以非晶态形式存在，说明绝大部分的铁还是以针铁矿形式存在。在草酸和稀硫酸浸出过程中，镍、铬、锌的浸出率很低，大部分在混合酸处理过程中被浸出，表明其存在方式主要是以取代针铁矿晶格为主，其浸出行为与铁相似。

从表 2-6 可知，MT 样品中元素的赋存状态与 TB 样品非常相似。镍、铬、锌大部分以晶格取代的形式存在于针铁矿中，其浸出行为与铁基本一致；钴以吸附形式存在的比例较高，其浸出行为与锰基本一致。镁大部分存在于非晶型和弱晶型镁矿物中。

2.1.5 原料分析结论及适应性工艺选择

对 YSM 矿石的分析表明，该矿石为风化程度较高的低品位褐铁矿型镍红土矿，其主要物相组成为针铁矿和磁铁矿；镍和钴主要是以晶格取代的形式存在于针铁矿中。如果采用常规的常压酸浸工艺，为了使镍的浸出率达到较高的水平，铁也将被大量浸出。这样不仅增加了浸出剂的消耗，而且增加了后续浸出液除杂负担，必将导致加工成本的增加以及有价金属回收率的降低，因此，选择还原焙烧—氨浸工艺处理 YSM 矿石。这主要是基于以下三点：

（1）还原焙烧过程可以重构 YSM 矿相，并通过氨浸过程分离有价金属；

（2）YSM 矿中钴含量极低，缓解了该工艺钴浸出率低的问题，使工艺更具经济性；

（3）浸出剂可回收利用，废水处理量小，对青海内陆地区的环境影响小。

对 TB 矿石的分析表明，该矿石与 YSM 矿石类似，风化程度高，其主要物相组成为针铁矿和磁铁矿。虽然该矿石中的镍仍以晶格取代为主，但比例相对降低；90% 以上的钴常压下就能够被稀酸浸出。矿中铁含量接近 50%，如直接采用常压酸浸工艺，铁将被大量浸出，大大增加了浸出液后续处理负担。因此，选择硫酸熟化焙烧—浸出工艺处理 TB 矿石。

对 MT 矿石的分析表明，该矿石属低品位褐铁矿型镍红土矿，但风化程度相对较低。该矿石中元素的赋存状态与 TB 矿石类似，大部分有价金属在常压稀酸条件下能够被浸出。其中 Mg 含量达到 3.96%，具有回收价值，且主要以非晶型和弱晶型矿物存在。因此，选择常压盐酸浸出工艺处理 MT 矿石，以期实现镍、钴、镁等有价金属的回收以及盐酸的综合利用。

2.2 化学试剂与实验设备

2.2.1 化学试剂

实验用化学试剂见表 2-7。

表 2-7 化学试剂

名　称	化　学　式	纯　度	生　产　商
硫　酸	H_2SO_4	分析纯	衡阳市凯信化工试剂有限公司

续表2-7

名 称	化 学 式	纯 度	生 产 商
盐酸	HCl	分析纯	衡阳市凯信化工试剂有限公司
硝酸	HNO_3	分析纯	湖南株洲市化学工业研究所
高氯酸	$HClO_4$	分析纯	南通朗源化工有限公司
氢氟酸	HF	分析纯	长沙分路口塑料化工厂
氨水	NH_4OH	分析纯	汕头市西陇化工厂有限公司
碳酸铵	$(NH_4)_2CO_3$	分析纯	汕头市西陇化工厂有限公司
碳酸氢铵	NH_4HCO_3	分析纯	汕头市西陇化工厂有限公司
无水氯化钙	$CaCl_2$	分析纯	汕头市西陇化工厂有限公司
硫酸钠	$Na_2SO_4 \cdot 10H_2O$	分析纯	天津科密欧化学试剂有限公司
碳酸氢钠	$NaHCO_3$	分析纯	天津科密欧化学试剂有限公司
重铬酸钾	$K_2Cr_2O_7$	分析纯	长沙明瑞化工有限公司
氯化亚锡	$SnCl_2 \cdot H_2O$	分析纯	汕头市西陇化工厂有限公司
氯化汞	$HgCl_2$	分析纯	盐城市飞翔化工有限公司
二苯胺磺酸钠	$C_{12}H_{10}NNaO_3S$	分析纯	天津科密欧化学试剂有限公司

2.2.2 仪器设备

实验用仪器设备见表2-8。

表2-8 仪器设备

名 称	型 号	生 产 商
箱式电阻炉	SX-4-10	天津泰斯特仪器有限公司
电热恒温水浴锅	DK-7000-IIIL	天津泰斯特仪器有限公司
集热式恒温磁力搅拌器	DF-101S	江苏省金坛市医疗仪器厂
直流电动搅拌器	JJ-60	杭州仪表有限公司
万用电炉	DL-1	北京永光明医疗仪器厂
数显酸度计	PHS-25C	上海雷磁厂
电子分析天平	FA2004	上海上平仪器公司
台式离心机	TDL-4	上海安亭科学仪器厂
循环水式多用真空泵	SHB-B95	郑州长城科工贸有限公司
真空干燥箱	DZF-300	郑州长城科工贸有限公司
鼓风干燥箱	DGX-9093	上海福玛设备有限公司

2.3 实验方法及流程

2.3.1 镍红土矿还原焙烧—氨浸实验

还原焙烧—氨浸实验原料来自我国青海省平安县元石山矿区，为 YSM 标号矿石。还原剂采用粉煤，其固定碳含量为 57.71%，灰分为 15.76%，挥发分为 25.07%，硫含量为 0.67%。

用电子天平称取 10g 干燥后矿样和一定量粉煤置于 100mL 瓷坩埚中，搅拌混合均匀，加盖后放入控制在一定温度的箱式马弗炉内焙烧一定时间；取出坩埚，将焙砂迅速倒入 0.5mol/L 碳酸铵溶液中冷却；溶液过滤，将得到的冷却焙砂细磨至小于 0.074mm（200 目），并采用氨-碳酸铵溶液浸出。氨-铵浸出装置示意图如图 2-4 所示，其操作流程如下：将配制好的 100mL 氨铵溶液加入到 250mL 三口烧瓶中，水浴加热，开启冷却水，使挥发的氨气冷凝回流；当温度达到所需值后加入焙砂，预浸 30min，然后通氧气搅拌浸出一定时间。反应完毕后，将溶液过滤，滤渣用去离子水清洗 3 次，放入真空干燥箱中干燥，称重；所得滤液用 250mL 容量瓶定容，然后测定溶液中镍、钴和铁的含量。

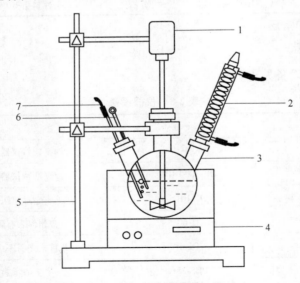

图 2-4　氨-铵浸出装置示意图

1—直流电动搅拌器；2—冷凝回流管；3—三口圆底烧瓶；4—电热恒温水浴锅；
5—铁架台；6—温度计；7—通氧导管

2.3.2 镍红土矿硫酸化焙烧—浸出实验

硫酸化焙烧—浸出实验原料来自菲律宾棉兰老岛的 Tubay 矿区，为 TB 标号矿石。

用电子天平称取 10g 干燥后样品放入 100mL 瓷坩埚中，加入一定量的水，搅拌混合后再缓慢加入一定量的浓硫酸，加入过程持续搅拌，直到形成均匀混合物。将盛有混合物的坩埚置入箱式马弗炉中，在特定温度下焙烧一定时间，然后取出坩埚，冷却至室温。将焙烧产物细磨至小于 0.175mm（80 目）后，分别进行水浸和氨浸实验。

水浸实验过程如下：称取一定量的焙烧产物加入 250mL 锥形瓶中，加入 100mL 去离子水，在常温下浸出 10min，浸出方式采用磁力搅拌；浸出完毕后，将溶液过滤，滤渣用去离子水清洗 3 次，干燥称重；所得滤液用容量瓶定容，然后测定溶液中镍、钴、铁、锰、铝、镁、锌和铬的含量。

氨浸实验过程如下：将配制好的 100mL 氨性溶液加入到 250mL 三口烧瓶中，水浴加热，开启冷却水，使挥发的氨气冷凝回流；当温度达到所需值后加入焙烧产物，搅拌浸出一定时间。反应完毕后，将溶液离心分离，得到浸出液和浸出渣。氨浸渣用稀氨水清洗 3 次，干燥称重；氨浸滤液用稀氨水稀释，并测定其中镍、钴、铁、锰和锌的含量。氨浸反应装置与图 2-4 所示装置相同，唯一区别是不需要安装通氧导管。

2.3.3 镍红土矿常压盐酸浸出实验

常压盐酸浸出实验原料来自菲律宾棉兰老岛 Mati 矿区，为 MT 标号矿石。

常压盐酸浸出装置与图 2-4 所示装置相同，但不需要通氧导管。其实验操作流程如下：将配制好的 100mL 盐酸溶液加入到 250mL 三口烧瓶中，加热，开启冷却水，使挥发的氯气冷凝回流；当温度达到所需值后加入矿样，搅拌浸出一定时间。反应完毕后，将溶液抽滤，滤渣用去离子水清洗 3 次，干燥称重；所得滤液用 250mL 容量瓶定容，然后测定溶液中镍、钴、铁、镁、锰和铬的含量。

2.4 分析与检测

2.4.1 元素分析

实验中所有元素分析方法均采用国标方法[189]。溶液中元素含量的测定采用化学分析方法、原子吸收分光光度法（AAS）和等离子发射光谱法（ICP-AES）。原料以及固相产物中元素含量的测定（亚铁除外）是先将一定量固体用硝酸、高氯酸和氢氟酸形成的混合酸溶解，然后定容，测定溶液中的元素含量，即可计算固体中的元素含量。

2.4.1.1 镍、钴、锰、镁、锌、铬的分析

溶液中镍、钴、锰、镁、锌、铬含量的测定采用原子吸收分光光度法。首先

配制相应元素的标准溶液，采用 WFX-130B 型原子吸收分光光度计（北京瑞利）测定其吸光度并绘制标准曲线；然后将待测溶液中对应元素浓度稀释到标准曲线范围，并测定其吸光度；最后通过标准曲线计算待测溶液中对应元素的含量。

2.4.1.2 铁的分析

溶液中铁含量的测定包括全铁的测定和亚铁的测定，采用方法为氯化亚锡-氯化汞-重铬酸钾容量法（GB 6730.4—86）。

A 溶液中全铁的测定

量取一定体积待测液于 250mL 锥形瓶中，加入浓盐酸 10mL，煮沸并趁热滴加氯化亚锡溶液至黄色正好消失，再过量 1~2 滴，流水冷却后加入饱和氯化汞溶液 10mL，放置 3min 后加蒸馏水至 100mL，并加入 20mL 硫磷混酸和 4~5 滴二苯胺磺酸钠指示剂，立即用重铬酸钾溶液滴定至稳定紫色。原液中全铁含量 T_{Fe}（g/L）通过式（2-1）计算：

$$T_{Fe} = TV_1/V_{取} \tag{2-1}$$

式中，T 为重铬酸钾标准溶液对铁的滴定度，mg/mL；V_1 为消耗的重铬酸钾的标准体积，mL；$V_{取}$ 为取样体积，mL。

B 溶液中亚铁的测定

量取一定体积待测液于 250mL 锥形瓶中，加入蒸馏水至 100mL，并加入 20mL 硫磷混酸和 4~5 滴二苯胺磺酸钠指示剂，立即用重铬酸钾溶液滴定至稳定紫色。原液中亚铁含量 C_{Fe}（g/L）通过式（2-2）计算：

$$C_{Fe} = TV_2/V_{取} \tag{2-2}$$

式中，T 为重铬酸钾标准溶液对铁的滴定度，mg/mL；V_2 为消耗的重铬酸钾的标准体积，mL；$V_{取}$ 为取样体积，mL。

C 固体中亚铁的测定

准确称取 0.2000g 的样品加入 250mL 锥形瓶中，并加入少许水润散，加 1g 碳酸氢钠、5mL 氢氟酸和 30mL 浓盐酸，立即塞好橡皮塞（塞上装有回流玻璃管），于电炉上加热至试样溶解完全，取下流水冷至室温后，加水至 100mL，并加入 20mL 硫磷混酸和 4~5 滴二苯胺磺酸钠指示剂，立即用重铬酸钾溶液滴定至稳定紫色。固体样品中亚铁含量 P_{Fe}（%）通过式（2-3）计算：

$$P_{Fe} = T_K V_3 \tag{2-3}$$

式中，T_K 为固定称样量 0.2000g 时重铬酸钾标液对 T 的滴定度；V_3 为消耗的重铬酸钾的标准体积，mL。

2.4.1.3 铝、硅、硫、砷的分析

溶液中铝、硅、硫、砷含量的测定采用等离子发射光谱法。首先配制相

应元素的标准溶液，采用 IRIS Intrepid Ⅱ型等离子发射光谱仪（美国热电）测定其吸光度并绘制标准曲线；然后将待测溶液中对应元素浓度稀释到标准曲线范围，并测定其吸光度；最后通过标准曲线计算待测溶液中对应元素的含量。

2.4.2 浸出率计算

在浸出过程中，样品中某金属元素的浸出率通过式（2-4）、式（2-5）计算：

$$\eta = (W_1/W_0) \times 100\% \tag{2-4}$$

$$\eta = [(W_0 - W_2)/W_0] \times 100\% \tag{2-5}$$

式中，η 为该元素浸出率，%；W_1 为浸出液中金属质量，g；W_2 为浸出渣中金属质量，g；W_0 为样品中金属质量，g。

根据金属元素在浸出过程中的质量守恒，采用上述两种方式分别计算所有实验中金属元素的浸出率（两种方式计算的浸出率之间不超过 5% 即可接受）。

2.4.3 铁还原度计算

生产中常用还原度来衡量磁化焙烧产品的质量。铁还原度为还原焙烧矿中氧化亚铁含量与全铁含量的比值百分数。在镍红土矿还原焙烧过程中，铁被还原为 Fe_3O_4 和少量单质 Fe，因此，铁还原度 $\alpha(\%)$ 定义为：

$$\alpha = \frac{\omega_{Fe^0} + \omega_{Fe(II)}}{\omega_{TFe}} \times 100\% \tag{2-6}$$

式中，ω_{Fe^0} 为单质 Fe 的质量，g；$\omega_{Fe(II)}$ 为二价铁的质量，g；ω_{TFe} 为全铁的质量，g。

2.4.4 样品检测与表征

采用 X 射线衍射、扫描电子透射、差热-热重等分析方法对原矿、实验中间产物及最终产物进行检测与表征。

2.4.4.1 X 射线衍射分析

X 射线衍射（X-ray diffraction，XRD）是一种对样品中矿物结构进行定性和定量分析的技术，其通过 X 射线衍射分析仪来实现。X 射线衍射分析仪被广泛应用于物相分析以及晶格常数、晶格畸变、晶体组织及宏观内应力的测定。X 射线物相分析是基于任何一种晶体物质都具有其特定的晶体结构，在一定波长的 X 射线衍射下，会产生其特定的衍射图像。在检测过程中，X 射线由 X 射线衍射管发出并照射样品产生衍射，通过探测器接受衍射产生的 X 射线光子，经测量电路放大后精确记录衍射线位置、强度和线形等衍射信息，并应用于后续实际处理。进行定性物相分析时，采用晶面间距 d 表征衍射线位置，I 代表衍射线相对强度；将所得样品的 d-I 数据与已知晶体物质的标准 d-I 数据库进行对比，即可鉴定出样品中存在的物相。

本书采用日本理学 D/max-2550 型 X 射线衍射仪对各固相的物相结构进行表征。其衍射条件为：铜靶（$\lambda = 0.154\text{nm}$），管电压 40kV，管电流 200mA，扫描速度 1°/min。

2.4.4.2　扫描电子显微镜分析

扫描电子显微镜（scanning electron microscope，SEM）是介于光学显微镜和电子透射电镜之间的一种物相微观形貌观测仪器，可利用样品表面的物理特性进行微观成像。扫描电子显微镜成像具有以下优点：（1）具有较高放大倍数，各倍数之间连续可调；（2）景深大，视野广，成像真实，富有立体感，可直接观察样品的表面微观结构。目前扫描电镜都配有 X 射线能谱仪，可同时进行表面组织结构成分分析。

本书采用日本电子 JSM-6360LV 型扫描电镜对各固相的表面微观形貌进行表征。其加速电压为 30kV，分辨率为 3.0nm，放大倍数 8 万 ~ 30 万倍。

2.4.4.3　差热-热重分析

差热-热重分析（DSC-TGA）是一种热分析方法，包括差示扫描量热分析（differential scanning calorimetry，DSC）和热重分析（thermo gravimetric analysis，TGA）。

差示扫描量热法是在程序温度控制下，测量试样与参比物之间单位时间内能量差（或功率差）随温度变化的一种技术。它是在差热分析（differential thermal analysis，DTA）的基础上发展而来的一种热分析技术，DSC 在定量分析方面比 DTA 要好，能直接从 DSC 曲线上峰形面积得到试样的放热量和吸热量。差示扫描量热仪可分为功率补偿型和热流型两种，一般试验条件下都选用功率补偿型差示扫描量热仪。当样品发生放热或吸热变化时，系统将自动调整两个加热炉的加热功率，以补偿样品所发生的热量改变，使样品和参比物的温度始终保持相同，使系统始终处于"热零位"状态，这就是功率补偿 DSC 仪的工作原理。

热重分析使用的仪器为热天平，将样品在升温过程中的质量变化所引起的天平位移量转化为电磁量，经放大后被记录和输出。电磁量大小与样品的质量变化成正比。当被测样品在升温过程中发生脱水、分解或者氧化时，其质量将会发生改变。通过热重分析曲线，可以判断样品在所测温度范围内发生的物理化学变化，并根据变化值判断反应的类型和具体途径。

本书采用美国 TA 公司 SDT Q600 V8.0 型差热-热重分析仪对各固相的热化学行为进行表征。其升温范围为室温到 1500℃，升温速度为 0.1~100℃/min，可通入氮气或氩气形成保护性气氛，也可通入氧气形成氧化气氛。

3 镍红土矿还原焙烧—氨浸理论及工艺研究

3.1 引言

第 2 章中对 YSM 矿石的化学成分分析表明，其属于典型的褐铁矿型低品位镍红土矿，铁含量接近 50%，镍、钴含量低，尤其是钴含量只有 0.03%，回收价值相对较低；元素赋存状态分析表明，YSM 矿石中的有价金属元素大多以晶格取代的形式存在于针铁矿中，要达到较高的镍、钴浸出率，其针铁矿需要被完全溶解，将造成大量铁进入浸出液中，因此该矿样不适合采用常压酸浸处理。唐明林等人[186]研究了有铁屑还原剂存在情况下采用硫硝混酸直接浸出元石山矿区镍红土矿的过程，结果为当镍浸出率达到 80.42% 时，铁溶出率高达 90.64%。

还原焙烧—氨浸工艺是在焙烧条件下将镍和钴还原为金属态，大部分铁形成 Fe_3O_4，然后在氧气气氛下采用氨-铵溶液浸出，使镍和钴以氨配合离子形态进入溶液，达到镍钴选择性浸出的目的。该工艺在常压下操作，具有较低的杂质浸出率，浸出剂以 NH_3 的形式蒸发回收，废水处理量少；其最大的缺点是钴回收率低，一般不超过 50%，因此适合于处理钴含量较低的镍红土矿。本章研究采用还原焙烧—氨浸工艺处理 YSM 矿石，在热力学计算基础上，考察原料粒度、还原剂用量、焙烧温度、焙烧时间等因素对镍、钴、铁浸出率的影响，优化焙烧过程工艺参数，研究氨浸过程动力学行为，通过工艺优化和控制实现目标金属的选择性高效溶出，为元石山地区低品位镍红土矿的开发提供理论和技术依据。

3.2 还原焙烧过程热力学分析

化学反应的标准吉布斯自由能变化（$\Delta_r G_T^{\ominus}$）是判断在标准状态下该反应能否自发向预期方向进行的标志，同时也是计算给定条件下反应吉布斯自由能变化（$\Delta_r G$）和反应平衡常数的重要依据。为求给定温度下的 $\Delta_r G_T^{\ominus}$ 值，一般是根据反应物和生成物的热力学参数，运用热力学基本原理计算[190]。

设反应为 A 物质与 B 物质反应生成 C 物质和 D 物质，即：

$$aA + bB \Longrightarrow cC + dD \tag{3-1}$$

当已知反应物 A 和 B 及生成物 C 和 D 的标准摩尔吉布斯自由能，或其标准摩尔生成吉布斯自由能，则可计算：

$$\Delta_r G_T^\ominus = cG_{m(C)T}^\ominus + dG_{m(D)T}^\ominus - aG_{m(A)T}^\ominus - bG_{m(B)T}^\ominus \tag{3-2}$$

式中，$G_{m(A)T}^\ominus$，$G_{m(B)T}^\ominus$分别为反应物 A 和 B 在温度 $T(K)$ 下的标准摩尔吉布斯自由能，kJ/mol；$G_{m(C)T}^\ominus$，$G_{m(D)T}^\ominus$分别为生成物 C 和 D 在温度 $T(K)$ 下的标准摩尔吉布斯自由能，kJ/mol。

当已知反应物及生成物在 298K 时的标准摩尔焓 $H^\ominus(298)$、标准摩尔熵 $S^\ominus$（298）以及其标准摩尔热容 $C_p^\ominus(298)$ 与温度关系式，则可计算出 298K 时反应标准焓变化 $\Delta_r H^\ominus(298)$、标准熵变化 $\Delta_r S^\ominus(298)$、标准吉布斯自由能变化 $\Delta_r G^\ominus$（298）以及反应的标准摩尔热容变化 $\Delta_r C_p$ 与温度的关系，进而求得：

$$\Delta_r G_T^\ominus = \Delta_r H^\ominus(298) + \int_{298}^T \Delta_r C_p^\ominus \mathrm{d}T - T\big[\Delta_r S^\ominus(298) +$$

$$\int_{298}^T (\Delta_r C_p^\ominus / T)\mathrm{d}T\big] \tag{3-3}$$

式中，$\Delta_r H^\ominus(298)$、$\Delta_r S^\ominus(298)$、$\Delta_r C_p$ 等相关数据可从《兰式化学手册》[191]、《实用无机物热力学数据手册》[192]、《矿物及有关化合物热力学数据手册》[193]等有关热力学数据手册中查找，通过计算即可获得相关反应的 $\Delta_r G^\ominus$-T 关系式。

对实际的反应体系做热力学分析时，有时需要做近似计算，这时可以设 $\Delta_r C_p^\ominus = 0$，即 $\Delta_r H^\ominus$ 和 $\Delta_r S^\ominus$ 都与温度无关，可用 298K 的数据代替。

3.2.1 热力学数据及计算

低品位褐铁矿型镍红土矿中的主要矿物为铁氧化物，有价金属氧化物主要包括氧化镍和氧化钴。还原焙烧采用粉煤为还原剂，其主要还原成分是固定碳（不考虑挥发分中含有少量的 CH_4 等还原性气体）。还原过程包括 C 与氧化物之间的固-固直接还原和生成的 CO 与氧化物之间的气-固间接还原。

3.2.1.1 氧化镍、氧化钴还原热力学

氧化镍的直接碳还原反应为：

$$NiO + C \Longrightarrow Ni + CO \qquad \Delta_r G^\ominus (\mathrm{J/mol}) = 122200 - 168.2T \tag{3-4}$$

$$2NiO + C \Longrightarrow 2Ni + CO_2 \qquad \Delta_r G^\ominus (\mathrm{J/mol}) = 73693 - 161.9T \tag{3-5}$$

$$C + CO_2 \Longrightarrow 2CO \qquad \Delta_r G^\ominus (\mathrm{J/mol}) = 170707 - 174.5T \tag{3-6}$$

生成物 CO 与 CO_2 的相对比例取决于 C-CO-CO_2 体系的平衡，即取决于布多尔反应（式（3-6））。当温度低于 1000℃ 时，布多尔反应平衡成分中 CO 和 CO_2 共存，反应（3-4）和反应（3-5）同时存在，即反应产物包括 Ni、CO 和 CO_2；在高温状态下（大于 1000℃），C-CO-CO_2 体系中的 CO_2 平衡分压接近于零，因此高温下反应（3-5）基本上不存在。氧化镍的固体碳还原反应实际上可以看做

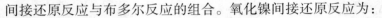

间接还原反应与布多尔反应的组合。氧化镍间接还原反应为：

$$NiO + CO \xrightarrow{\hspace{1cm}} Ni + CO_2 \qquad \Delta_r G^{\ominus}(J/mol) = -48325 + 1.92T \qquad (3\text{-}7)$$

即当 NiO 间接还原反应生产的 CO_2 分压超过布多尔反应的 CO_2 平衡分压时，它将与固体碳发生布多尔反应生成 CO，后者再进一步与 NiO 作用，如此循环反复，因此布多尔反应起着不断消耗还原反应的生成物 CO_2、提供反应物 CO 的作用，使反应不断进行。

氧化钴与氧化镍的还原过程类似，其间接还原反应为：

$$CoO + CO \xrightarrow{\hspace{1cm}} Co + CO_2 \qquad \Delta_r G^{\ominus}(J/mol) = -48535 + 14.96T \qquad (3\text{-}8)$$

3.2.1.2 铁氧化物还原热力学

铁为多价态金属元素，其氧化物包括 Fe_2O_3、Fe_3O_4 和 FeO 等。铁氧化物固体碳还原的反应为：

$$3Fe_2O_3 + C \xrightarrow{\hspace{1cm}} 2Fe_3O_4 + CO$$

$$\Delta_r G^{\ominus}(J/mol) = 237700 - 222T \qquad (3\text{-}9)$$

$$3Fe_2O_3 + 1/2C \xrightarrow{\hspace{1cm}} 2Fe_3O_4 + 1/2CO_2 \qquad (3\text{-}10)$$

$$Fe_3O_4 + C \xrightarrow{\hspace{1cm}} 3FeO + CO$$

$$\Delta_r G^{\ominus}(J/mol) = 262350 - 179.7T \qquad (3\text{-}11)$$

$$Fe_3O_4 + 1/2C \xrightarrow{\hspace{1cm}} 3FeO + 1/2CO_2 \qquad (3\text{-}12)$$

$$FeO + C \xrightarrow{\hspace{1cm}} Fe + CO$$

$$\Delta_r G^{\ominus}(J/mol) = 213800 - 122.2T \qquad (3\text{-}13)$$

$$FeO + 1/2C \xrightarrow{\hspace{1cm}} Fe + 1/2CO_2 \qquad (3\text{-}14)$$

当 T < 570℃ 时，则：

$$1/4Fe_3O_4 + C \xrightarrow{\hspace{1cm}} 3/4Fe + CO \qquad (3\text{-}15)$$

$$\Delta_r G^{\ominus}(J/mol) = 225950 - 103.5T$$

$$1/4Fe_3O_4 + 1/2C \xrightarrow{\hspace{1cm}} 3/4Fe + 1/2CO_2 \qquad (3\text{-}16)$$

每种铁氧化物的还原过程都同时产生 CO 和 CO_2，它们之间的相对比例取决于布多尔反应。

3.2.2 还原焙烧过程主要反应热力学平衡图

根据上述分析，为研究系统的平衡情况及各反应进行的条件，将氧化镍、氧化钴以及铁氧化物 CO 间接还原的热力学平衡图与 $p = p^{\ominus}$ 时的布多尔曲线组合，得到 $p = p^{\ominus}$ 时的金属氧化物固体碳还原的热力学平衡图，如图 3-1 所示。

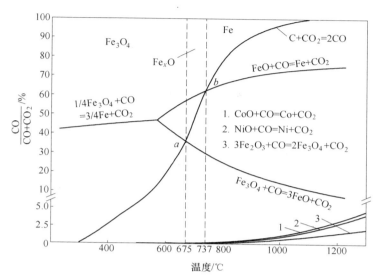

图 3-1 镍、钴和铁的氧化物固体碳还原热力学平衡图

从图 3-1 可知，氧化镍和氧化钴都属于易还原氧化物，但两者比较，氧化镍更容易被还原。铁氧化物的还原区域可以分为 Fe_3O_4 稳定区、FeO（确切地说是 $Fe_xO(0.75 < x \leqslant 1)$）稳定区和金属 Fe 稳定区。布多尔反应的平衡曲线与 Fe_3O_4 间接还原平衡线交于 a 点，其对应温度为 675℃，CO 的相对浓度为 40% 左右，即在 675℃时，反应（3-11）所占百分比为 40%，反应（3-12）所占百分比为 60%；当温度低于 675℃时，Fe_3O_4 稳定，高于 675℃时则为 FeO 稳定。进一步升高温度，布多尔平衡曲线与 FeO 间接还原平衡线交于 b 点，其对应温度为 737℃，CO 的相对浓度为 60% 左右，即在 737℃时，反应（3-13）所占百分比为 60%，反应（3-14）所占百分比为 40%；当温度低于 737℃时，FeO 稳定，高于 737℃时则为 Fe 稳定。

基于此特点，镍红土矿的还原焙烧过程能在一定的还原气氛和温度条件控制下，实现镍红土矿中绝大部分镍、钴氧化物被还原为金属态，同时使大部分的铁转化为 Fe_3O_4，少部分铁被还原为 FeO 或金属 Fe，从而为后续氨浸工序中镍和钴的选择性浸出创造了有利条件。

3.3 氨浸过程热力学分析

镍红土矿经还原焙烧工序后，其中的镍和钴主要以金属形态存在，铁大部分以 Fe_3O_4 存在，少量以 FeO 或金属 Fe 形式存在。在氨-碳酸铵溶液浸出过程中，镍、钴在被氧化的同时以配氨离子形式进入溶液，Fe_3O_4 几乎不发生反应，Fe 也被氧化，以配氨离子形式进入溶液，其反应如下：

$$2Ni + O_2 + 2(n-2)NH_3 + 2(NH_4)_2CO_3 = 2[Ni(NH_3)_n]CO_3 + 2H_2O$$

$$(3-17)$$

$$2Co + O_2 + 2(n-2)NH_3 + 2(NH_4)_2CO_3 = 2[Co(NH_3)_n]CO_3 + 2H_2O$$

$$(3-18)$$

$$Fe + 1/2O_2 + (n-2)NH_3 + (NH_4)_2CO_3 = [Fe(NH_3)_n]CO_3 + H_2O$$

$$(3-19)$$

$$FeO + (n-2)NH_3 + (NH_4)_2CO_3 = [Fe(NH_3)_n]CO_3 + H_2O$$

$$(3-20)$$

$[Fe(NH_3)_n]CO_3$ 为不稳定化合物，在氧气存在条件下，它以 $Fe(OH)_3$ 形式进入氨浸渣中，其反应如下：

$$4[Fe(NH_3)_n]CO_3 + 10H_2O + O_2 =$$

$$4Fe(OH)_3\downarrow + 4(n-2)NH_3 + 4(NH_4)_2CO_3 \qquad (3-21)$$

金属态物质被氧化进入氨性溶液形成稳定的配氨离子，必须满足一定的热力学条件。金属的氧化及其配氨离子的形成可以通过化学平衡理论来定量讨论。在现在湿法冶金中，研究 $Me-NH_3-H_2O$ 体系的平衡，最直观的方法是根据体系组成和特点，绘制金属离子的浓度对数-pH 图或 E-pH 图，并根据这些图来分析各体系的平衡状态。如果体系中有电子转移的氧化还原反应，则 E-pH 图是研究该体系最合适的方法。

3.3.1 热力学数据及计算

水溶液体系的平衡与各种参数的关系较为密切，如温度、浓度、pH 值、氧化还原电势等，但其中最主要的为氧化还原电势和溶液 pH 值，因此通常是以电势和 pH 值为参数绘制系统的平衡图，即 E-pH 图，用以研究体系的平衡条件。依据体系中存在的相关平衡反应及其热力学数据，即可计算体系中各反应对应的 E-pH 关系式。

对于水溶液体系中存在的反应，可分为以下三种情况：

（1）有 H^+ 参加但无氧化还原过程，即无电子转移：

$$aA + nH^+ = bB + cH_2O \qquad (3-22)$$

根据反应（3-22）吉布斯自由能变化

$$\Delta_r G = \Delta_r G^\ominus + RT\ln[a_B^b/(a_A^a a_{H^+}^n)] = \Delta_r G^\ominus + RT\ln(a_B^b/a_A^a) + 2.303nRT\,pH$$

在平衡状态下 $\Delta_r G = 0$，则相应地有

$$pH = -\frac{\Delta_r G^{\ominus}}{2.303nRT} - \frac{1}{n}lg(a_B^b/a_A^a)$$

将 $a_A = a_B = 1$ 时的 pH 定义为 $pH^{\ominus}$，则 $pH^{\ominus} = -\Delta_r G^{\ominus}/(2.303nRT)$，即

$$pH = pH^{\ominus} - \frac{1}{n}lg(a_B^b/a_A^a) \qquad (3-23)$$

（2）有氧化还原过程（即有电子转移），但无 H^+ 参加：

$$aA + ze \Longrightarrow bB \qquad (3-24)$$

其电势 E 为： $\qquad E = -\frac{\Delta_r G}{zF} = -\frac{\Delta_r G^{\ominus}}{zF} - \frac{RT}{zF}ln(a_B^b/a_A^a)$

将 $a_A = a_B = 1$ 时的 E 定义为标准电势 $E^{\ominus}$，则

$$E^{\ominus} = -\frac{\Delta_r G^{\ominus}}{zF}$$

$$E = E^{\ominus} - \frac{RT}{zF}ln(a_B^b/a_A^a) = E^{\ominus} - \frac{0.0591}{z}lg(a_B^b/a_A^a) \qquad (3-25)$$

（3）有电子转移，同时又有 H^+ 参加，即

$$aA + nH^+ + ze \Longrightarrow bB + cH_2O \qquad (3-26)$$

其电势 E 为： $\qquad E = -\frac{\Delta_r G}{zF} = -\frac{\Delta_r G^{\ominus}}{zF} - \frac{RT}{zF}ln(a_B^b/a_A^a) - 2.303n\frac{RT}{zF}pH$

根据 $E^{\ominus} = -\frac{\Delta_r G^{\ominus}}{zF}$，有：

$$E = E^{\ominus} - \frac{0.0591}{z}lg(a_B^b/a_A^a) - \frac{0.0591n}{z}pH \qquad (3-27)$$

通过查阅相关热力学数据[191~193]，计算对应温度下反应 $\Delta_r G^{\ominus}$，可求得反应 $E^{\ominus}$ 和 $pH^{\ominus}$，进而求取 E-pH 关系式。

下面以 Ni-NH_3-H_2O 体系为例，计算该体系中各反应对应的 E-pH 关系式。Ni-NH_3-H_2O 体系中存在 Ni^{2+} 与 NH_3 的配合反应，目前已发现有 6 个配位数的配氨离子，其逐级形成反应在 25℃ 下的平衡常数如下：

$$Ni^{2+} + NH_3 \Longrightarrow Ni(NH_3)^{2+} \qquad lgK_1 = 2.80 \qquad (3-28)$$

$$Ni(NH_3)^{2+} + NH_3 \Longrightarrow Ni(NH_3)_2^{2+} \qquad lgK_2 = 2.24 \qquad (3-29)$$

$$Ni(NH_3)_2^{2+} + NH_3 \Longrightarrow Ni(NH_3)_3^{2+} \qquad lgK_3 = 1.73 \qquad (3-30)$$

$$Ni(NH_3)_3^{2+} + NH_3 \Longrightarrow Ni(NH_3)_4^{2+} \qquad lgK_4 = 1.19 \qquad (3-31)$$

$$Ni(NH_3)_4^{2+} + NH_3 \Longrightarrow Ni(NH_3)_5^{2+} \qquad lgK_5 = 0.75 \qquad (3-32)$$

$$\mathrm{Ni(NH_3)_5^{2+} + NH_3 \Longrightarrow Ni(NH_3)_6^{2+}} \qquad \lg K_6 = 0.03 \qquad (3\text{-}33)$$

溶液中存在 $\mathrm{NH_3}$ 与 $\mathrm{H^+}$ 作用形成 $\mathrm{NH_4^+}$ 反应的平衡常数为:

$$\mathrm{NH_3 + H^+ \Longrightarrow NH_4^+} \qquad \lg K = 9.24 \qquad (3\text{-}34)$$

确定溶液中的总氨活度后,根据反应(3-28)~反应(3-34)可以确定各相邻镍配合物离子之间的平衡 pH 值。

Ni 与氨配合离子的平衡反应如下:

$$\mathrm{Ni(NH_3)_n^{2+} + 2e \Longrightarrow Ni + nNH_3} \qquad (3\text{-}35)$$

$$E_n = E_n^{\ominus} + 0.0295 \lg(c_{\mathrm{Ni(NH_3)_n^{2+}}}/c_{\mathrm{NH_3}}^n) \quad (n = 1 \sim 6)$$

根据反应式(3-28)~式(3-35)即可求出各配氨离子的标准电势 $E_n^{\ominus}$ 和电势 E_n。

$\mathrm{Ni(OH)_2}$ 与氨配合离子的平衡反应如下:

$$\mathrm{Ni(OH)_2 + 2H^+ + nNH_3 \Longrightarrow Ni(NH_3)_n^{2+} + 2H_2O} \qquad (3\text{-}36)$$

$$K_n = c_{\mathrm{Ni(NH_3)_n^{2+}}}/(c_{\mathrm{H^+}}^2 c_{\mathrm{NH_3}}^n) \quad (n = 1 \sim 6)$$

根据反应式(3-28)~式(3-34)以及式(3-36)可求得各配氨离子与 $\mathrm{Ni(OH)_2}$ 之间平衡 pH 值。

$\mathrm{Ni_3O_4}$ 与氨配离子的平衡反应如下:

$$\mathrm{Ni_3O_4 + 8H^+ + 3nNH_3 + 2e \Longrightarrow 3Ni(NH_3)_n^{2+} + 4H_2O} \qquad (3\text{-}37)$$

$$E = E_n^{\ominus} - 0.0295 \lg(c_{\mathrm{Ni(NH_3)_n^{2+}}}^3/c_{\mathrm{NH_3}}^{3n}) - 0.236\mathrm{pH} \quad (n = 1 \sim 6)$$

根据反应式(3-28)~式(3-35)以及式(3-37)可确定各配氨离子与 $\mathrm{Ni_3O_4}$ 之间 E-pH 关系。

综合以上计算结果,列出 25℃下 $\mathrm{Ni\text{-}NH_3\text{-}H_2O}$ 体系中存在的化学反应平衡式及对应的关系式,见表 3-1。按照相同的计算方法,列出 25℃下 $\mathrm{Co\text{-}NH_3\text{-}H_2O}$ 和 $\mathrm{Fe\text{-}NH_3\text{-}H_2O}$ 体系中存在的化学反应平衡式及对应的关系式,分别见表 3-2 和表 3-3。

表 3-1　25℃下 Ni-NH$_3$-H$_2$O 体系平衡反应及平衡关系式

编号	平 衡 反 应	平衡关系式
1	$\mathrm{Ni^{2+} + 2e = Ni}$	$E = -0.24 + 0.0295 \lg c_{\mathrm{Ni^{2+}}}$
2	$\mathrm{Ni_3O_4 + 8H^+ + 2e = 3Ni^{2+} + 4H_2O}$	$E = 1.93 - 0.0887 \lg c_{\mathrm{Ni^{2+}}} - 0.2364\mathrm{pH}$

编号	平 衡 反 应	平衡关系式
3	$Ni_3O_4 + 2H^+ + 2e = 3NiO + H_2O$	$E = 0.83 - 0.0591pH$
4	$NiO + 2H^+ + 2e = Ni + H_2O$	$E = 0.116 - 0.0591pH$
5	$Ni_2O_3 + 2H^+ + 2e = 2NiO + H_2O$	$E = 0.99 - 0.0591pH$
6	$2NiO_2 + 2H^+ + 2e = Ni_2O_3 + H_2O$	$E = 1.44 - 0.0591pH$
7	$HNiO_2^- + H^+ = NiO + H_2O$	$pH = 18.13 + \lg c_{HNiO_2^-}$
8	$Ni(OH)_2 + 2H^+ = Ni^{2+} + 2H_2O$	$pH = 6.36 - 0.5\lg c_{Ni^{2+}}$
9	$Ni(NH_3)_n^{2+} + 2e = Ni + nNH_3$	$E = E_n^{\ominus} + 0.0295\lg(c_{Ni(NH_3)_n^{2+}}/c_{NH_3}^n)$
10	$Ni_3O_4 + 8H^+ + 3nNH_3 + 2e =$ $3Ni(NH_3)_n^{2+} + 4H_2O$	$E = E_n^{\ominus} - 0.0295\lg(c_{Ni(NH_3)_n^{2+}}^3/c_{NH_3}^{3n}) -$ $0.236pH$
11	$Ni(OH)_2 + 2H^+ + nNH_3 =$ $Ni(NH_3)_n^{2+} + 2H_2O$	$pH = pH^{\ominus} - 0.5\lg(c_{Ni(NH_3)_n^{2+}}/c_{NH_3}^n)$

注：1. 平衡关系式中的离子活度用离子浓度代替；

    2. $E_n^{\ominus}$ 为 n 个氨参与配位反应的标准电势，$pH^{\ominus}$ 为 n 个氨参与配位反应的标准 pH 值。

表 3-2 25℃下 Co-NH₃-H₂O 体系平衡反应及平衡关系式

编号	平 衡 反 应	平衡关系式
1	$Co^{2+} + 2e = Co$	$E = -0.28 + 0.0295\lg c_{Co^{2+}}$
2	$Co_3O_4 + 8H^+ + 2e = 3Co^{2+} + 4H_2O$	$E = 2.11 - 0.0887\lg c_{Co^{2+}} - 0.2364pH$
3	$Co_3O_4 + 2H^+ + 2e + 2H_2O = 3Co(OH)_2$	$E = 0.99 - 0.0591pH$
4	$Co(OH)_2 + 2H^+ + 2e = Co + 2H_2O$	$E = 0.10 - 0.0591pH$
5	$CoO_2 + H_2O + H^+ + e = Co(OH)_3$	$E = 1.477 - 0.0591pH$
6	$3Co(OH)_3 + H^+ + e = Co_3O_4 + 5H_2O$	$E = 1.02 - 0.0591pH$
7	$HCoO_2^- + 3H^+ + 2e = Co + 2H_2O$	$E = 0.35 - 0.089pH + 0.0295\lg c_{HCoO_2^-}$
8	$Co_3O_4 + 2H_2O + 2e = 3HCoO_2^- + H^+$	$E = -0.28 - 0.0887\lg c_{HCoO_2^-} + 0.0296pH$
9	$HCoO_2^- + H^+ = Co(OH)_2$	$pH = 19.10 + \lg c_{HCoO_2^-}$
10	$Co^{2+} + 2H_2O = Co(OH)_2 + 2H^+$	$pH = 6.01 - 0.5\lg c_{Co^{2+}}$
11	$Co(NH_3)_n^{2+} + 2e = Co + nNH_3$	$E = E_n^{\ominus} + 0.0295\lg(c_{Co(NH_3)_n^{2+}}/c_{NH_3}^n)$
12	$Co(NH_3)_6^{3+} + e =$ $Co(NH_3)_n^{2+} + (6-n)NH_3$	$E = E_n^{\ominus} + 0.0295\lg$ $(c_{Co(NH_3)_n^{2+}} \cdot c_{NH_3}^{6-n}/c_{Co(NH_3)_6^{3+}})$
13	$Co(OH)_2 + 2H^+ + nNH_3 =$ $Co(NH_3)_n^{2+} + 2H_2O$	$pH = pH^{\ominus} - 0.5\lg(c_{Co(NH_3)_n^{2+}}/c_{NH_3}^n)$
14	$Co(OH)_3 + 3H^+ + 6NH_3 =$ $Co(NH_3)_6^{3+} + 3H_2O$	$pH = 8.5 + 2\lg c_{NH_3} - 0.33\lg c_{Co(NH_3)_6^{3+}}$

表 3-3　25℃下 Fe-NH$_3$-H$_2$O 体系平衡反应及平衡关系式

编号	平 衡 反 应	平 衡 关 系 式
1	$Fe^{2+} + 2e = Fe$	$E = -0.44 + 0.0295 lg c_{Fe2+}$
2	$Fe^{3+} + e = Fe^{2+}$	$E = 0.77 - 0.0591 lg(c_{Fe2+}/c_{Fe3+})$
3	$Fe(OH)_3 + 3H^+ = Fe^{3+} + 3H_2O$	$pH = 1.15 - 0.3333 lg c_{Fe3+}$
4	$Fe(OH)_3 + 3H^+ + e = Fe^{2+} + 3H_2O$	$E = 1.06 - 0.1771 pH - 0.0591 lg c_{Fe2+}$
5	$Fe(OH)_3 + H^+ + e = Fe(OH)_2 + H_2O$	$E = 0.23 - 0.0591 pH$
6	$Fe(OH)_2 + 2H^+ + 2e = Fe + 2H_2O$	$E = -0.09 - 0.0591 pH$
7	$Fe(NH_3)_n^{2+} + 2e = Fe + nNH_3$	$E = E_n^{\ominus} + 0.0295 lg(c_{Fe(NH_3)_n^{2+}}/c_{NH_3}^n)$
8	$Fe(OH)_2 + 2H^+ + nNH_3 =$ $Fe(NH_3)_n^{2+} + 2H_2O$	$pH = pH^{\ominus} - 0.5 lg(c_{Fe(NH_3)_n^{2+}}/c_{NH_3}^n)$
9	$Fe(OH)_3 + 3H^+ + nNH_3 + e =$ $Fe(NH_3)_n^{2+} + 3H_2O$	$E = E_n^{\ominus} - 0.0591 lg(c_{Fe(NH_3)_n^{2+}}/c_{NH_3}^n) -$ $0.885 pH$

3.3.2　氨浸过程 Me-NH$_3$-H$_2$O 体系 E-pH 图

在还原焙烧—氨浸过程中，一般采用的氨—碳酸铵浸出剂中 NH$_3$ 浓度达到 6 mol/L 以上（90 ~ 110 g/L），溶液 pH 值约为 10。浸出液中 Ni^{2+} 浓度约为 0.1 mol/L，Co^{2+} 浓度约为 10^{-2} mol/L，Fe^{3+} 浓度低于 10^{-3} mol/L。为与浸出过程实际情况相近，可以取液相中总氨活度为 6，Ni 活度为 0.1，Co 活度为 10^{-2}，Fe 活度为 10^{-3}。根据表 3-1 ~ 表 3-3，绘制 Ni-NH$_3$-H$_2$O、Co-NH$_3$-H$_2$O 和 Fe-NH$_3$-H$_2$O 体系的 E-pH 图，如图 3-2 ~ 图 3-4 所示。

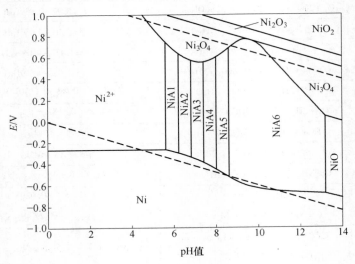

图 3-2　25℃下 Ni-NH$_3$-H$_2$O 体系 E-pH 图

（NiAn 表示 n 个氨与 Ni^{2+} 形成的配位化合物）

由图 3-2 可以看出，在氨性条件下，控制体系电位大于 -0.6V，金属镍可以被氧化并主要以 $Ni(NH_3)_6^{2+}$ 形式进入溶液中。$Ni(NH_3)_6^{2+}$ 是最稳定的镍氨配合物，其在 pH 值为 8.6 ~ 13.2 的较大范围内可以稳定存在。

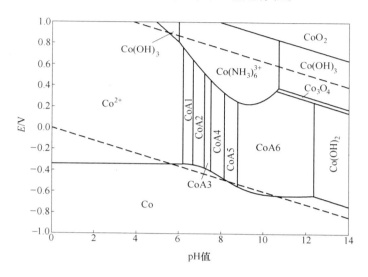

图 3-3　25℃下 Co-NH₃-H₂O 体系 E-pH 图

（CoAn 表示 n 个氨与 Co^{2+} 形成的配位化合物）

对比图 3-2 和图 3-3 可以看出，Co-NH₃-H₂O 与 Ni-NH₃-H₂O 体系 E-pH 图非常相似：在氨性条件下，控制体系电位大于 -0.6V，金属钴以 $Co(NH_3)_6^{2+}$ 形式进入溶液中，其可在 pH 值为 8.8 ~ 12.4 范围内稳定存在。两者最大的不同是：进一步提高体系电位，$Co(NH_3)_6^{2+}$ 可以被氧化，并以 $Co(NH_3)_6^{3+}$ 的形式稳定存在。

图 3-4 表明，在氨性条件下，金属铁可以被氧化并主要以 $Fe(NH_3)_n^{2+}$ 的形式进入溶液。但是，$Fe(NH_3)_n^{2+}$ 的存在区域较小，当提高体系电位大于 -0.2V 以后，$Fe(NH_3)_n^{2+}$ 被氧化成 $Fe(NH_3)_n^{3+}$。$Fe(NH_3)_n^{3+}$ 属于极不稳定化合物（只存在于液氨中），遇水即水解形成 $Fe(OH)_3$ 沉淀。因此，还原焙砂的氨浸过程中，可以通过持续氧化提高溶液体系电位至 -0.2V 以上，使溶液中的镍钴以氨配合物的形式稳定存在，而铁以沉淀形式进入渣中，实现镍钴的选择性浸出。

在一般情况下，还原焙砂的氨浸过程采用的浸出剂是氨-碳酸铵溶液而非单纯的氨水。因此，CO_3^{2-} 的存在对氨配合物的稳定区域有一定的影响。K. Osseo-Asare[194] 等人研究了金属 Co 和 Fe 以及 Co-Fe 混合物的氨浸过程，并绘制了 Co-NH₃-CO_3^{2-}-H₂O 和 Fe-NH₃-CO_3^{2-}-H₂O 体系 E-pH 图（见图 3-5）。对比图 3-3 和图 3-5（a）可知，CO_3^{2-} 的存在对钴氨配合物区域大小有一定影响，主要是在 pH 值

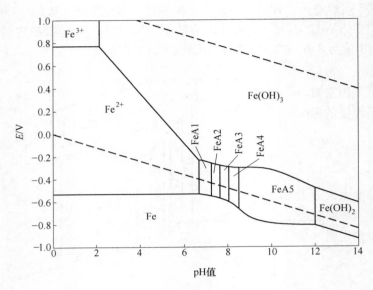

图 3-4 25℃下 Fe-NH$_3$-H$_2$O 体系 E-pH 图

(FeAn 表示 n 个氨与 Fe^{2+} 形成的配位化合物)

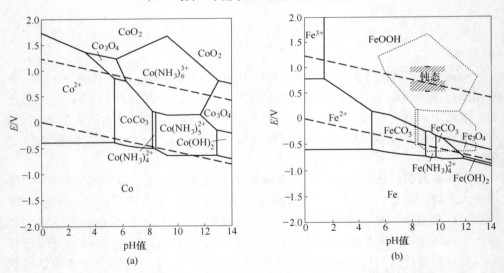

图 3-5 25℃下 Co-NH$_3$-CO$_3^{2-}$-H$_2$O （a） 和 Fe-NH$_3$-CO$_3^{2-}$-H$_2$O （b） 体系 E-pH 图

为 6~8 范围内由相应的碳酸钴取代了低配位数的钴氨配合物。对比图 3-4 和图 3-5 （b） 可知，CO$_3^{2-}$ 的存在大大缩小了铁氨配合物的存在区域，使其只在 pH 值为 9~10 的小范围内存在。因此，相比氨水、氨-硫酸铵或氨-氯化铵等溶液，采用氨-碳酸铵溶液有利于镍钴的选择性浸出。

3.4 实验结果与讨论

根据以上热力学分析,实验考察了还原焙烧—氨浸过程原料粒度、还原剂用量、焙烧温度、焙烧时间、氨浸时间、氨浸温度、氨浸 NH_3/CO_2、矿浆浓度以及氨浸通氧量等因素对 Ni、Co、Fe 浸出率的影响,同时还研究了焙烧过程因素对焙砂中铁还原度的影响。

3.4.1 原料粒度的影响

镍红土矿的还原焙烧实际上是一个气固反应过程,扩散作用对其有一定的影响,原料粒度太大或太小都不利于气固反应过程,因此有必要研究其对还原焙烧过程的影响。原料粒度对金属元素浸出率和焙砂铁还原度的影响见表3-4。其他条件:还原剂用量(质量分数)20%,焙烧温度850℃,焙烧时间2h,氨浸温度30℃,氨浸时间2h,$NH_3/CO_2 = 100:65$(浓度比,浓度单位为 g/L),矿浆浓度40g/L,氨浸通氧速率0.1L/(min·g)。

表 3-4 原料粒度对 Ni、Co、Fe 浸出率及铁还原度的影响

粒度/mm	粒度/目	Ni 浸出率/%	Co 浸出率/%	Fe 浸出率/%	铁还原度/%
0.833~0.175	20~80	68.2	13.7	0.05	20.8
0.175~0.121	80~120	48.0	9.3	0.03	15.6
0.121~0.074	120~200	61.8	12.4	0.04	19.4
<0.074	200	60.6	9.7	0.04	19.6

从表3-4中可知,随着原矿粒度的逐渐变小,Ni 和 Co 浸出率大致呈下降趋势。主要原因是:一方面,粒度太小导致了还原性气体的扩散受到一定的阻力,不能很好地与原料反应;另一方面,在高温处理过程中,粒度过小容易导致烧结现象,这对还原也是不利的。Fe 浸出率和铁还原度几乎不受粒度影响,分别维持在0.04%和20%左右。因此,实验中选取的原料粒度为小于0.833mm(20目)。

3.4.2 还原剂用量的影响

还原剂用量很大程度上影响反应过程的气氛。还原剂用量不足,Ni 和 Co 不能充分还原,铁不能完全转化为 Fe_3O_4;还原剂过多,不但浪费还原剂,而且大量铁氧化物还会被还原成金属态,造成氨浸过程大量铁的溶出,达不到选择性还原的目的。还原剂用量对金属元素浸出率和焙砂铁还原度的影响如图3-6所示。其他条件:原料粒度小于0.833mm(20目),焙烧温度850℃,焙烧时间2h,氨浸温度30℃，氨浸时间2h，$NH_3/CO_2 = 100:65$，矿浆浓度40g/L，氨浸通氧速率0.1L/(min·g)。

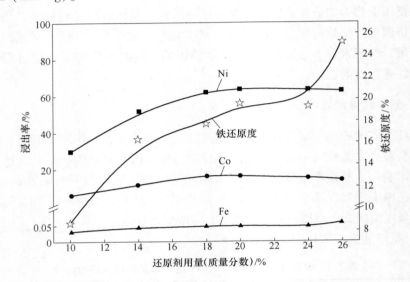

图3-6 还原剂用量对Ni、Co、Fe浸出率及铁还原度的影响

图3-6表明，当还原剂用量(质量分数)少于20%时，Ni和Co的浸出率随着还原剂用量的增加而迅速升高；当超过20%后，其浸出率基本不变，但略有下降趋势。还原剂用量对铁还原度影响很大，基本呈迅速上升趋势。Fe浸出率随还原剂用量的增加一直升高，从0.02%增加到0.05%，其变化趋势与铁还原度相同。浸出液的颜色变化也显示了不同还原剂用量下的铁浸出率：当还原剂用量(质量分数)分别为10%、20%和26%时，浸出液的颜色分别为无色、浅黄色和棕褐色。因此，反应控制还原剂用量(质量分数)为矿样的20%。

3.4.3 焙烧温度的影响

焙烧温度决定着还原过程金属元素特别是铁的存在形式。焙烧温度太低，还原过程不能有效进行；焙烧温度太高，容易使铁过还原。焙烧温度对金属元素浸出率和焙砂铁还原度的影响如图3-7所示。其他条件：原料粒度小于0.833mm(20目)，还原剂用量(质量分数)20%，焙烧时间2h，氨浸温度30℃，氨浸时间2h，$NH_3/CO_2 = 100:65$，矿浆浓度40g/L，氨浸通氧速率0.1L/(min·g)。

图3-7表明，随着焙烧温度的升高，Ni浸出率持续增加，并在850℃时达到最大，进一步提高温度，Ni浸出率急剧下降；Co浸出率在900℃时达到最大，900~950℃内继续升高焙烧温度可以提高Co浸出率，但效果不会很明显。铁还原度随着温度的升高缓慢增大，并在850℃之后急剧增大，在950℃时达到53%。

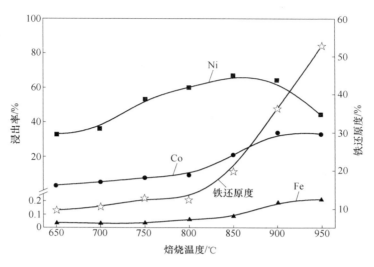

图 3-7 焙烧温度对 Ni、Co、Fe 浸出率及铁还原度的影响

Fe 浸出率随焙烧温度的升高从 0.05% 增大到 0.21% （溶液颜色由浅黄色变为红褐色），其变化趋势与铁还原度相同，表明铁的浸出行为与还原度密切相关，还原度越大，铁浸出率越高。但是，铁还原度过高，一方面使镍、钴被还原产物金属铁包裹，难以浸出；另一方面也造成了大量铁的溶出。

图 3-8 列出了 650℃、750℃、850℃ 和 950℃ 焙烧温度下还原焙砂的 XRD 图谱。从图中可以看出，在焙烧温度 650℃ 时，焙砂中存在 Fe_3O_4、FeO 和 Fe_2O_3 的

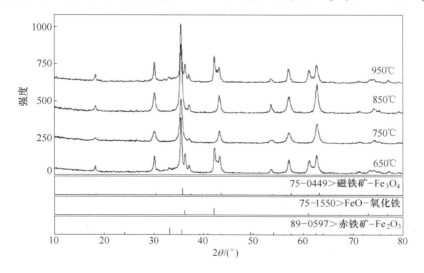

图 3-8 不同焙烧温度下还原焙砂的 XRD 图谱

衍射峰，其中 Fe_3O_4 和 FeO 的峰值较强，Fe_2O_3 峰值较弱，说明原矿中的 $FeOOH$ 绝大部分被还原为 Fe_3O_4 和 FeO，少量脱水形成 Fe_2O_3。随着温度的升高，Fe_2O_3 和 FeO 的衍射峰消失，Fe_3O_4 衍射峰峰值不断增强，在 850℃ 时呈现峰型完整、尖锐的 Fe_3O_4 衍射峰，且没有其他杂峰。当温度升高到 950℃ 时，Fe_3O_4 衍射峰峰值减弱，且重现 FeO 衍射峰，说明铁已经过还原。

图 3-9 所示为 650℃、750℃、850℃ 和 950℃ 焙烧温度下还原焙砂的 SEM 照片。从图中可以看出，650℃ 和 750℃ 下焙砂的微观形貌没有很大差别，基本为类球形颗粒，颗粒与颗粒之间排列紧密，大部分颗粒尺寸小于 $1\mu m$。850℃ 下焙砂的颗粒尺寸相对减小，且颗粒之间空隙增大，呈现明显的空间结构（同时也出现少量硬团聚现象），这种空间结构有利于镍和钴的浸出。在 950℃ 高温处理下，焙砂呈现明显的烧结现象：小颗粒焙砂熔融团聚形成大颗粒，且颗粒与颗粒之间硬团聚现象严重，基本没有空隙。这种烧结现象使镍和钴被包裹起来，浸出过程非常困难。综合以上分析，选择适宜的焙烧温度为 850℃。

图 3-9　不同焙烧温度下还原焙砂的 SEM 照片

(a) 650℃；(b) 750℃；(c) 850℃；(d) 950℃

3.4.4 焙烧时间的影响

焙烧时间在宏观层面上反映了还原过程的反应速率，焙烧时间越短，反应速率越快，焙烧时间越长，反应速度越慢。维持一定的焙烧时间有助于反应的完成，但过长的焙烧时间不仅浪费能源，而且还可能造成其他负面反应的发生。焙烧时间对元素浸出率和焙砂铁还原度的影响如图 3-10 所示。其他条件：原料粒度小于 0.833mm（20 目），还原剂用量（质量分数）20%，焙烧温度 850℃，氨浸温度 30℃，氨浸时间 2h，$NH_3/CO_2 = 100:65$，矿浆浓度 40g/L，氨浸通氧速率 0.1L/(min·g)。

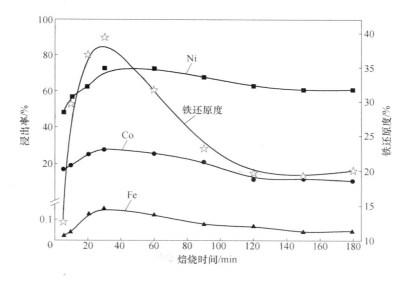

图 3-10　焙烧时间对 Ni、Co、Fe 浸出率及铁还原度的影响

从图 3-10 中可知，Ni、Co、Fe 浸出率以及铁还原度随焙烧时间的影响呈现相同的变化趋势：在 30min 内，随着焙烧时间的延长，Ni、Co 和 Fe 的浸出率显著提高，铁还原度急速增大；30min 后，金属浸出率持续降低，铁还原度减小，并在 120min 后趋于稳定。对比 30min 和 120min 两个焙烧时间点可以看出：当焙烧时间为 30min 时，Ni、Co、Fe 浸出率最高，其中 Fe 浸出率为 0.15%；当焙烧时间为 120min 时，Fe 浸出率下降到 0.1%，但 Ni、Co 浸出率相比下降 10 个百分点，且焙烧过程能耗更高。因此，选择适宜的焙烧时间为 30min。

3.4.5 氨浸温度的影响

提高氨浸温度有利于溶液中离子的扩散、提高反应速率，但是氨浸反应是一个氧化还原过程，属于放热反应，提高温度对浸出不利。因此，提高温度是否有利于镍钴浸出需通过实验来证明。氨浸温度对元素浸出率的影响如图 3-11 所示。其他条件：原料粒度小于 0.833mm（20 目），还原剂用量（质量分数）20%，焙烧温度 850℃，焙烧时间 30min，氨浸时间 2h，$NH_3/CO_2 = 100:65$，矿浆浓度 40g/L，氨浸通氧速率 0.1L/(min·g)。

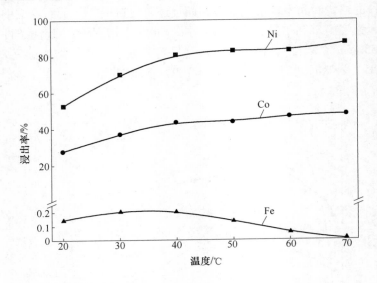

图 3-11 氨浸温度对 Ni、Co、Fe 浸出率的影响

从图 3-11 中可知，Ni、Co 浸出率在 20 ~ 40℃ 范围内迅速升高，40℃ 后趋于平缓，略有上升。Fe 浸出率在 30 ~ 40℃ 范围内达到最大，然后迅速降低，在 70℃ 时其浸出率几乎为零。这是因为在高温溶液中，铁氨配合物更加不稳定，水解成 $Fe(OH)_3$ 的行为会更加彻底。实验结果表明，升高温度有利于镍和钴的浸出，但是提高温度会使浸出剂中的 NH_3 挥发损失增多，并降低溶液中的氧气溶解量。因此，考虑到实际操作情况，选择适宜的氨浸温度为 40℃。

3.4.6 氨浸时间的影响

氨浸过程分两部分进行：先进行 30min 慢速搅拌预浸，然后通氧气进行快速搅拌氧化浸出。预浸是利用溶液及反应器中已有的氧气进行氧化浸出，可以缩短通氧氧化时间，减少 NH_3 挥发。预浸过程 Ni、Co、Fe 浸出率随时间的变化如图 3-12 所示。从图中可以看出，在预浸的前 5min 内，Ni、Co 浸出率随时间的延长而急剧上升；5min 后，上升趋势有所减弱；Fe 浸出率随预浸时间的延长而缓慢升高，30min 后达到 0.2% 以上。

通氧浸出是为氨浸过程中金属镍、钴、铁的氧化溶出提供足够的氧化剂，提

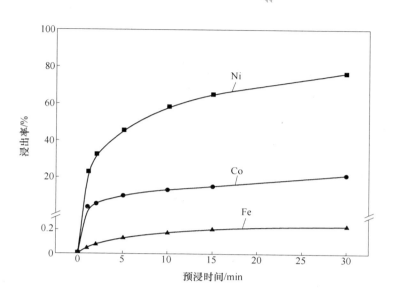

图 3-12 预浸时间对 Ni、Co、Fe 浸出率的影响

高体系氧化电位，促进不稳定铁氨配合物的水解。氧气的通入形式包括通入纯氧或鼓入空气，其实质效果没有区别。实验研究了氨浸时间（即通氧氧化时间）对元素浸出率的影响，结果如图 3-13 所示。其他条件：原料粒度小于 0.833mm（20 目），还原剂用量（质量分数）20％，焙烧温度 850℃，焙烧时间 30min，氨浸

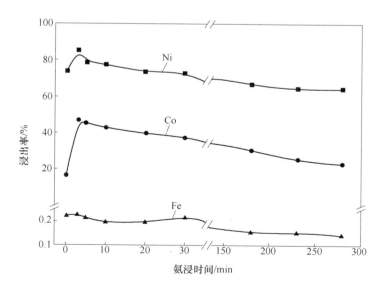

图 3-13 氨浸时间对 Ni、Co、Fe 浸出率的影响

温度 40℃，NH_3/CO_2 = 100∶65，矿浆浓度 40g/L，氨浸通氧速率 0.1L/(min·g)。

从图 3-13 中可知，通氧 3min 后，Ni、Co、Fe 浸出率迅速增加到最大。这是由于通氧瞬间提供了大量的氧化剂，使 Ni、Co、Fe 浸出率出现明显上升。持续通氧，Ni、Co、Fe 浸出率呈持续下降趋势。原因一方面是铁氨配合物不断水解形成的 $Fe(OH)_3$ 会吸附一部分的镍、钴氨配合物；另一方面是浸出过程 NH_3 挥发导致浸出液中 NH_3/CO_2 下降，不利于浸出反应进行。考虑实际操作情况，氨浸时间确定为 10min。

氨浸过程是一个氧化还原过程，金属单质被氧气氧化形成相应离子进入溶液，同时产生 OH^-。实验采用铂电极-甘汞电极和 pH 计分别测量体系电位和 pH 值，结果如图 3-14 所示，其中前 30min 为预浸时间，30min 后为通氧氨浸时间。从图中可知，随着预浸过程进行，体系电位迅速降低，30min 后达到 -500mV 以下，对应 pH 值从 10.0 上升到 10.15。此段时间电位指示的主要是铁的浸出，$Fe(NH_3)_n^{2+}$ 浓度增大引起体系电位变化，当然镍、钴在此阶段也大量浸出，但镍、钴的浸出对体系电位影响不大。通入氧气后，体系电位急速上升，在 120min 后维持在 -120mV 左右，溶液 pH 值在通氧后 10min 内由 10.15 迅速上升到 10.65，并在后续浸出过程中保持不变，表明氧化反应基本完成。

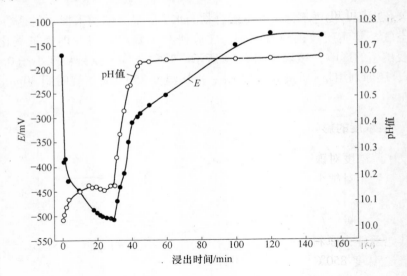

图 3-14   浸出体系 E 和 pH 值随浸出时间的变化曲线

3.4.7   氨浸 NH_3/CO_2 的影响

焙砂氨浸过程是镍、钴与氨的配合过程，CO_3^{2-} 在溶液中起缓冲剂和稳定剂作用，调节体系溶液 pH 值。假设溶液中只有 NH_4OH 存在，40℃ 时 NH_4OH 的离

解常数 $K = c_{NH_4^+} c_{OH^-} / c_{NH_4OH} = 2 \times 10^{-5}$。当 NH_4OH 浓度大于 $5mol/L$，溶液 pH 值大于 12，根据 Ni-NH_3-H_2O 和 Co-NH_3-H_2O 体系电位-pH 图可知，在此 pH 值下镍、钴氨配合物不能稳定存在。因此，为了使镍形成稳定的镍氨配合物必须向溶液中加入铵盐，调节浸出液 pH 值在 10 左右，并形成缓冲溶液，保证浸出过程中体系 pH 值不发生大幅度变化。实验研究了 NH_3/CO_2 对元素浸出率的影响，结果见表 3-5。其他条件：原料粒度小于 0.833mm（20 目），还原剂用量（质量分数）20%，焙烧温度 850℃，焙烧时间 30min，氨浸温度 40℃，氨浸时间 10min，矿浆浓度 40g/L，氨浸通氧速率 0.1L/(min·g)。

表 3-5 NH_3/CO_2 对 Ni、Co、Fe 浸出率的影响

NH_3/CO_2	Ni 浸出率/%	Co 浸出率/%	Fe 浸出率/%
60:30	64.5	35.8	0.02
70:40	67.3	41.5	0.08
80:50	80.3	41.8	0.14
100:65	81.1	44.1	0.21
133:88	90.0	49.1	0.24
145:100	91.3	52.3	0.32

注：NH_3/CO_2 为浓度比，浓度单位为 g/L。

从表 3-5 中可知，随着 NH_3 浓度的增加，Ni、Co、Fe 浸出率持续升高。当氨浓度在 60g/L 时，Ni 浸出率只有 64.5%；当氨浓度达到 133g/L 时，Ni 浸出率达到 90.0%。实验中发现，当 NH_3 浓度达到 133g/L 时，有少量的 NH_3 挥发现象；当 NH_3 浓度更高时（如 145g/L），NH_3 挥发现象严重，操作环境较为恶劣。因此，在保证回收率的前提下，确定适宜的 NH_3/CO_2 为 133:88。

3.4.8 矿浆浓度的影响

氨浸矿浆浓度对镍、钴浸出的影响比较复杂。矿浆浓度越大，与单位质量焙砂接触的氨量相对越小，同时溶液中溶解的单位质量焙砂所需的氧量也越少，这些都不利于镍、钴浸出。理论上讲，矿浆浓度越小，对浸出越有利，但是必须考虑经济上的可行性。实验研究了矿浆浓度对元素浸出率的影响，结果如图 3-15 所示。其他条件：原料粒度小于 0.833mm（20 目），还原剂用量（质量分数）20%，焙烧温度 850℃，焙烧时间 30min，氨浸温度 40℃，氨浸时间 10min，$NH_3/CO_2 = 133:88$，氨浸通氧速率 0.1L/(min·g)。

图 3-15 表明，矿浆浓度增大，Ni、Co 浸出率持续降低。当矿浆浓度由 40g/L 增大到 200g/L 时，Ni 浸出率由 93.6% 下降到 65.6%，钴浸出率也由 50.2% 下降到 35.4%。Fe 浸出率随矿浆浓度增大持续降低，但浸出液中的铁氨配合物浓度基本没有变化，维持在 20mg/L 左右。考虑工艺的可操作性和经济性，确定矿浆浓度为 70g/L，这样既可获得较高的镍、钴浸出率，同时可以通过连续

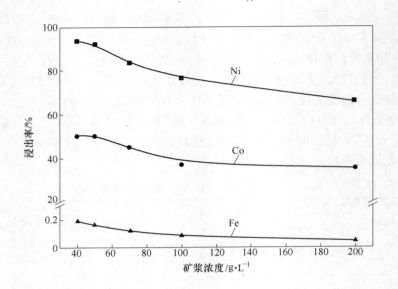

图 3-15   矿浆浓度对 Ni、Co、Fe 浸出率的影响

逆流浸出达到提高溶液中镍、钴浓度的目的。

3.4.9   通氧速率的影响

　　焙砂中镍、钴的浸出过程是一个耗氧反应。向溶液中通氧的主要目的是补充溶液中消耗的溶解氧量。氧气在 20 ~ 50℃ 水中的溶解度约为 0.005g/L。故溶液中消耗的氧必须通过不断通氧来补充。实验研究了单位质量焙砂通氧速率对元素浸出率的影响，结果如图 3-16 所示。其他条件：原料粒度小于 0.833mm（20目），还原剂用量（质量分数）20%，焙烧温度 850℃，焙烧时间 30min，氨浸温度 40℃，氨浸时间 10min，NH_3/CO_2 = 133∶88，矿浆浓度 70g/L。

　　图 3-16 表明，随着通氧速率的提高，Ni、Co 浸出率有升高的趋势，但实际上不同的通氧速率下金属浸出率相差不到 2 个百分点，几乎没有区别。这说明 0.1L/(min·g) 的通氧速率是完全足够的。实验过程中采用的通氧装置是尖嘴细玻璃管，氧气进入溶液中会形成较大的气泡，氧气不能得到充分利用，同时带走的 NH_3 量也较多。故建议在通氧装置上进行一些改进，让通入的氧气在溶液中"雾化"或许可以进一步降低通氧速率。因此，实验中采用的通氧速率为 0.1L/(min·g)。

3.4.10   综合实验

　　通过以上单因素实验及分析，确定镍红土矿还原焙烧—氨浸的适宜工艺条件如下：原料粒度小于 0.833mm（20 目），还原剂用量（质量分数）20%，焙烧温度850℃，焙烧时间 30min，氨浸温度 40℃，氨浸时间 10min，NH_3/CO_2 = 133∶88，矿

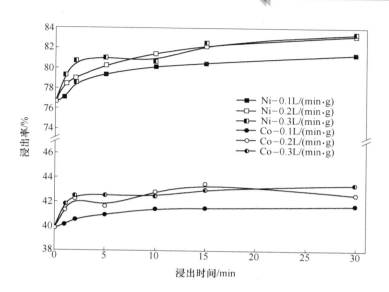

图 3-16   通氧速率对 Ni、Co 浸出率的影响

浆浓度 70g/L，通氧速率为 0.1L/(min·g)。在此条件下开展综合实验，确定 Ni、Co、Fe 浸出率分别为 83.1%、45.1% 和 0.12%，浸出液中 Ni、Co、Fe 离子浓度分别为 0.84g/L、12.4mg/L 和 18.3mg/L。矿石中 Ni/Fe 仅为 0.024，而浸出液中 Ni/Fe 达到 45.9，说明还原焙烧—氨浸处理低品位镍红土矿具有很好的选择性。

图 3-17 所示为综合实验条件下焙砂和氨浸渣的 XRD 图。从图中可以看出，

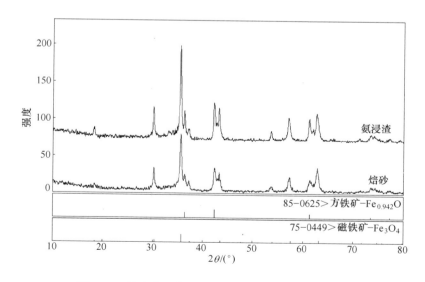

图 3-17   综合实验条件下焙砂和氨浸渣的 XRD 图谱

焙砂和氨浸渣的物相组成基本相同，其主要物相为 Fe_3O_4，同时含有少量的 $Fe_{0.942}O$。主要的不同点是，氨浸渣相比焙砂的主要物相衍射峰值更强、峰形更尖锐，这主要是因为在焙烧经氨浸过程后，镍、钴及其他非铁金属成分进入溶液中，铁氧化物的含量相对提高。化学成分分析表明，浸出渣中 Fe 含量为 59.61%，达到 H59 级赤铁精矿的铁品位要求，但 As 含量超标，达到 1.50%，因此该浸出渣需除砷处理后才能作为铁精矿处理。

从整个因素实验过程中可以发现，无论如何改变工艺条件，Co 浸出率一直低于 50%。Co 浸出率低一直是还原焙烧—氨浸工艺处理低品位镍红土矿存在的最大的问题。对于其原因，Asselin[195] 认为是还原焙烧过程形成的 Fe-Ni-Co 合金在氨浸过程中出现了钝化现象。吴展[196] 研究了镍红土矿硫酸浸出液中 Ni^{2+}、Co^{2+} 和 Mn^{2+} 的沉淀分离行为，指出在 Mn^{2+} 形成 MnO_2 沉淀的过程中会吸附一定量的 Co^{2+}，且每沉淀 1g Mn^{2+} 约损失 0.04g Co^{2+}。

在 YSM 矿样中，Co 和 Mn 的质量分数分别为 0.03% 和 0.28%。假设在氨浸过程中，Mn 全部以氧化物形式进入渣相中，且按 Mn 自身质量 4% 的比例吸附钴氨配合离子，则将有 40% 左右的 Co 进入渣相中，再加上部分 Co 被铁氨配合物水解产物 $Fe(OH)_3$ 吸附进入渣相，那么整个氨浸过程中的 Co 浸出率将有可能低于 50%，这即为还原焙烧—氨浸过程 Co 浸出率低的主要原因。

3.5　还原焙烧过程优化实验设计

在还原焙烧过程中，还原剂用量、焙烧温度和焙烧时间是最重要的三个影响因素。各因素之间相互联系，共同影响 Ni、Co 浸出率。采用单因素分析方法可以有效地确定适宜的工艺条件，却无法对工艺过程进行优化。因此，本节在单因素研究的基础上，采用响应曲面法对还原焙烧过程进行优化实验设计，考察还原剂用量、焙烧温度和焙烧时间三个因素对 Ni、Co 浸出率的综合影响，确定优化条件或区域，为过程优化或扩大实验提供实验方案。

3.5.1　响应曲面法介绍

响应曲面法（response surface Methodology，RSM）是数学方法和统计方法结合的产物，用于对感兴趣的响应受多个变量影响的问题进行建模和分析，以优化这个响应[197]。响应曲面法作为一种实验设计和数据分析处理技术，在产品设计和工序开发改进等方面有着非常重要的作用。随着计算机技术的发展，响应曲面法广泛应用于化工、冶金和材料等领域的实验设计和工艺优化过程中[198]。

简单地说，响应曲面法是根据已知实验数据，利用计算机软件处理，寻求考察对象（响应）与影响因素（自变量）之间的近似函数关系，绘制响应曲面，从理论上确定未知条件或极端条件下的响应，以确定最优反应条件或区域。在大多数响应曲面法问题中，响应和自变量之间的关系形势是未知的。响应曲面法的第一个步骤是寻求响应 y 与自变量集合之间真实函数关系的一个合适的逼近式。通常可以用自变量某一个区域内的一个低阶多项式来逼近。若响应适合用自变量的线性函数建模，则近似函数是一阶模型（如式（3-38））；若系统有弯曲，则必须采用更高阶的多项式，如二阶模型（如式（3-39））。

$$Y = \beta_0 + \beta_1 X_1 + \beta_2 X_2 + \cdots + \beta_k X_k + \varepsilon \tag{3-38}$$

$$Y = \beta_0 + \sum_{i=1}^{k} \beta_i X_i + \sum_{i=1}^{k} \beta_{ii} X_i^2 + \sum_{i=j}^{k-1} \sum_{j=i+1}^{k} \beta_{ij} X_i X_j + \varepsilon \tag{3-39}$$

式中，Y 为响应；$X_1 \sim X_k$ 为自变量；k 为自变量个数；$\beta_1 \sim \beta_k$ 为相关系数；ε 为随机误差。

通过恰当地利用实验来收集数据，就能够最有效地估计模型参数，确定响应 Y 与自变量之间的函数关系，从而建立拟合曲面并进行响应曲面分析。如果拟合曲面是真实响应函数的一个合适的近似式，则拟合曲面的分析就近似地等价于实际系统的分析。拟合响应曲面的设计称为响应曲面设计。响应曲面最常用的设计方法是拟合二阶模型的中心复合设计（central composite design，CCD）。一般而言，CCD 是通过设定数量的实验，由 2^k 个析因设计点（即立方体点）、$2k$ 个坐标轴点和 1 个中心点组成。图 3-18 显示了 $k=3$ 时的 CCD 示意图。

实验设计可以通过 CCD 实现，响应数据可以通过实验获得，则响应 Y 与自变量之间的函数关系以及响应曲面的绘制可

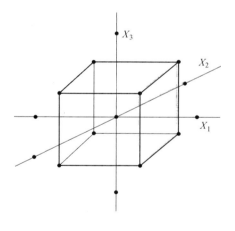

图 3-18 $k=3$ 的 CCD 示意图

以通过计算机软件处理实现。其中，Minitab® 和 Design-Expert® 是应用最广泛的两种软件。Minitab 是一个统计软件包，有良好的数据分析能力和相当好的处理固定因子及随机因子（包括混合模型）的实验分析能力。Design-Expert 是一个侧重于实验设计的软件包，具有构建和评估设计的能力并可以进行深入的分析。本书采用 Minitab® 14 软件包来实现响应曲面的实验设计、数据处理及图形绘制。

3.5.2 实验设计及数据处理

以 Ni 和 Co 浸出率为响应值（Y_{Ni} 和 Y_{Co}），采用 CCD 响应设计法对影响镍红土矿还原焙烧过程的三个因素——还原剂用量、焙烧温度和焙烧时间——进行实

验设计和分析。实验因素水平见表 3-6。氨浸过程条件为：氨浸温度 30℃，氨浸时间 10min，$NH_3/CO_2 = 100:65$，矿浆浓度 40g/L，通氧速率为 0.1L/（min·g）。根据实验设计进行了 20 个不同焙烧条件下的还原焙烧—氨浸实验，获得的 Ni、Co 实际浸出率列于表 3-7。

表 3-6　还原焙烧过程 CCD 因素水平

考察因素	符号	水平				
		$\alpha = -1.682$	-1	0	$+1$	$\alpha = +1.682$
还原剂用量（质量分数）/%	X_1	6.6	10	15	20	23.4
焙烧温度 /℃	X_2	766	800	850	900	934
焙烧时间 /min	X_3	4.8	15	30	45	55.2

表 3-7　还原焙烧过程 CCD 实验方案及结果

实验编号	X_1	X_2	X_3	实验浸出率/%		预测浸出率/%	
				Ni	Co	Ni	Co
1	10	800	15	20.9	3.50	18.9	1.13
2	20	800	15	29.1	12.6	28.6	12.9
3	10	900	15	51.3	24.1	45.6	21.0
4	20	900	15	56.9	34.7	51.6	32.6
5	10	800	45	17.0	1.18	17.7	1.59
6	20	800	45	28.1	11.7	29.3	13.2
7	10	900	45	56.2	24.5	52.2	22.6
8	20	900	45	65.1	33.3	60.1	34.0
9	6.6	850	30	19.8	1.19	24.1	4.58
10	23.4	850	30	36.9	25.2	38.9	24.1
11	15	766	30	26.8	5.81	25.0	5.12
12	15	934	30	65.2	36.3	73.3	39.3
13	15	850	4.8	24.7	12.2	30.5	15.7
14	15	850	55.2	36.1	18.5	36.7	17.2
15	15	850	30	40.3	22.4	39.3	22.4
16	15	850	30	39.0	22.7	39.3	22.4
17	15	850	30	39.4	22.5	39.3	22.4
18	15	850	30	38.7	22.0	39.3	22.4
19	15	850	30	40.6	22.9	39.3	22.4
20	15	850	30	38.9	21.9	39.3	22.4

对表 3-7 中实验数据采用 Minitab 统计软件分析，分别得到以 Ni、Co 浸出率

为目标函数的二阶回归方程，如下所示：

$$Y_{Ni} = 818.0392 + 5.9037X_1 - 2.1766X_2 - 2.0356X_3 - 0.1073X_1^2 + 0.0014X_2^2 -$$

$$0.0087X_3^2 - 0.0024X_1X_2 + 0.0103X_1X_3 + 0.0030X_2X_3 \tag{3-40}$$

$$Y_{Co} = -212.0705 + 4.7578X_1 + 0.2323X_2 + 0.2863X_3 - 0.1134X_1^2 - 0.0000X_2^2 -$$

$$0.0093X_3^2 - 0.0002X_1X_2 - 0.0005X_1X_3 + 0.0004X_2X_3 \tag{3-41}$$

式中，X_1、X_2、X_3 采用实际数值（uncoded）表示。

将20个实验中对应的反应条件数值分别代入式（3-40）和式（3-41），即可获得相应条件下的 Ni、Co 预测浸出率，见表3-7。

表3-8列出了还原焙烧过程 CCD 二阶方程系数及 P 值，其中系数 β_n 为二阶方程中 X_1、X_2、X_3 用代码（coded）表示时的系数。P 值用于响应回归模型显著性水平的假设检验。在本实验中，设定 $P \leqslant 0.05$ 时对应的检验统计量或数据达到显著性水平。表3-8表明，在 Y_{Ni} 对应的二阶方程中，β_0、β_1、β_2、β_{11}、β_{22} 是显著的，Y_{Co} 对应的二阶方程中，β_0、β_1、β_2、β_{11}、β_{33} 是显著的。同时，Y_{Ni} 和 Y_{Co} 对应的二阶模型相关系数 R^2 分别为94.0%和97.1%，表明94.0%的 Ni 浸出率实验数据和97.0%的 Co 浸出率实验数据可以用对应方程来解释。

表3-8 还原焙烧过程 CCD 二阶方程系数及 P 值

项	Y_{Ni}			Y_{Co}		
	系数值	系数标准偏差	P	系数值	系数标准偏差	P
β_0	39.3244	1.976	0.000	22.4048	1.0251	0.000
β_1	4.5606	1.311	0.006	5.8297	0.6801	0.000
β_2	14.5575	1.311	0.000	10.1840	0.6801	0.000
β_3	2.0000	1.311	0.158	0.4633	0.6801	0.511
β_{11}	-2.6829	1.276	0.062	-2.8355	0.6621	0.002
β_{22}	3.5514	1.276	0.019	-0.0535	0.6621	0.937
β_{33}	-1.9516	1.276	0.157	-2.0832	0.6621	0.010
β_{12}	-0.6118	1.713	0.728	-0.0513	0.8886	0.955
β_{13}	0.7699	1.713	0.663	-0.0369	0.8886	0.968
β_{23}	2.2371	1.713	0.221	0.2713	0.8886	0.766

表3-9列出了还原焙烧过程 CCD 方差分析结果。从表中可以看出，对于响应 Y_{Ni} 和 Y_{Co}，其回归模型中的线性关系系数和平方关系系数达到显著性水平，而相互关系系数是不显著的。

表 3-9　还原焙烧过程 CCD 方差分析结果

响　应	方差来源	自由度	平方和	均方	P 值
Y_{Ni}	回归	9	3656.97	406.33	0.000
	线性关系	3	3232.85	1077.62	0.000
	平方关系	3	376.35	125.45	0.019
	相互关系	3	47.77	15.92	0.585
	残余偏差	10	234.68	23.47	
	缺失度	5	231.44	46.29	0.000
	净偏差	5	3.24	0.65	
	总和	19	3891.65	—	
Y_{Co}	回归	9	2049.44	227.716	0.000
	线性关系	3	1883.47	627.822	0.000
	平方关系	3	165.35	55.118	0.004
	相互关系	3	0.62	0.207	0.992
	残余偏差	10	63.17	6.317	—
	缺失度	5	62.34	12.469	0.000
	净偏差	5	0.83	0.165	
	总和	19	2112.61	—	

综合表 3-8 和表 3-9 分析结果，将两个二阶回归模型中没有达到显著性水平的系数去除，并重新拟合实验数据，获得新二阶方程如下：

$$Y_{Ni} = 832.5144 + 3.8991X_1 - 2.2556X_2 + 0.1333X_3 - 0.0996X_1^2 + 0.0015X_2^2$$

$$(3-42)$$

$$Y_{Co} = -202.9657 + 4.5622X_1 + 0.2037X_2 + 0.5850X_3 - 0.1132X_1^2 - 0.0092X_3^2$$

$$(3-43)$$

根据式（3-42）和式（3-43），利用 Minitab 软件分别绘制 X_1、X_2、X_3 中每两个因素交互作用下的响应曲面图及其等值线图。结果如图 3-19 ~ 图 3-24 所示。

3.5.3　还原剂用量与焙烧温度的交互影响

图 3-19 所示为还原剂用量与焙烧温度交互影响下 Y_{Ni} 的响应曲面图及其等值线图，焙烧时间固定在 30min。图 3-19 表明，Ni 浸出率随着还原剂用量增大而升高，并在 20%（质量分数）左右达到最大，继续增大还原剂用量则浸出率略有下降。在低于 850℃范围内，温度越高，Ni 浸出率越高，与单因素实验结果相

符，但高于 900℃时 Ni 浸出率仍没有下降趋势，与单因素实验结果矛盾。

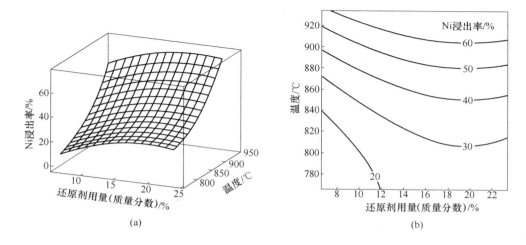

(a)   (b)

图 3-19　还原剂用量与焙烧温度对 Ni 浸出率的交互影响

（a）响应曲面图；（b）等值线图

图 3-20 所示为还原剂用量与焙烧温度交互影响下 Y_{Co} 的响应曲面图及其等值线图，焙烧时间固定在 30min。图 3-20 表明，在此两个因素的影响下，Co 浸出率的变化规律与 Ni 浸出率相似，即浸出率在还原剂用量（质量分数）为 20% 左右达到最大，升高焙烧温度也有利于 Co 的浸出。不同的是，沿焙烧温度轴向，Ni 浸出率等值线逐渐密集，Co 浸出率等值线间距相等，这说明焙烧温度对 Ni 浸

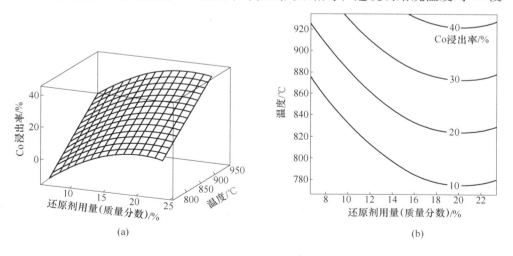

(a)   (b)

图 3-20　还原剂用量与焙烧温度对 Co 浸出率的交互影响

（a）响应曲面图；（b）等值线图

出率的影响比对 Co 浸出率的影响显著。

3.5.4 还原剂用量与焙烧时间的交互影响

图 3-21 所示为还原剂用量与焙烧时间交互影响下 Y_{Ni} 的响应曲面图及其等值线图，焙烧温度固定在 900℃。图 3-21 表明，Ni 浸出率受焙烧时间影响不大，随焙烧时间延长呈线性缓慢升高；当还原剂用量较低时，等值线沿焙烧时间轴向较密集，说明在还原剂用量较低时，焙烧时间对 Ni 浸出率影响更大。

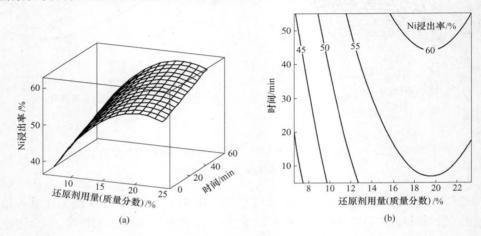

图 3-21 还原剂用量与焙烧时间对 Ni 浸出率的交互影响

（a）响应曲面图；（b）等值线图

图 3-22 所示为还原剂用量与焙烧时间交互影响下 Y_{Co} 的响应曲面图及其等值

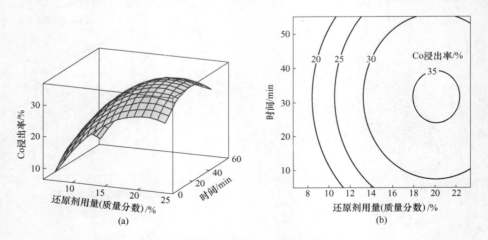

图 3-22 还原剂用量与焙烧时间对 Co 浸出率的交互影响

（a）响应曲面图；（b）等值线图

线图，焙烧温度固定在 900℃。图 3-22 表明，Co 浸出率随焙烧时间的延长先升高再降低，这与单因素实验结果非常吻合。Co 浸出率在还原剂用量较低时，受焙烧时间的影响较大，这与 Ni 浸出行为相同。等值线呈椭圆形，说明两因素的交互作用较强，影响显著。

3.5.5 焙烧温度与焙烧时间的交互影响

图 3-23 所示为焙烧温度与焙烧时间交互影响下 Y_{Ni} 的响应曲面图及其等值线图，还原剂用量（质量分数）固定在 20%。

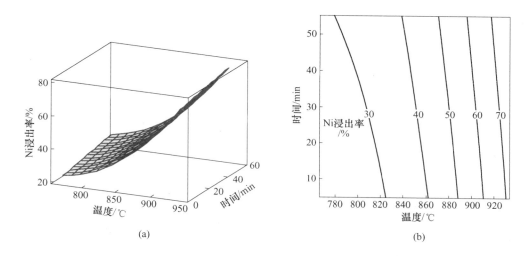

(a)　　　　　　　　　　　　　　(b)

图 3-23　焙烧温度与焙烧时间对 Ni 浸出率的交互影响
（a）响应曲面图；（b）等值线图

图 3-23 表明，在较低焙烧温度下，延长焙烧时间有助于提高 Ni 浸出率；在较高焙烧温度下，焙烧时间对 Ni 浸出率几乎没有影响。同时，焙烧温度越高，等值线越密集，表明高温条件对 Ni 浸出率的影响更为明显。

图 3-24 所示为焙烧温度与焙烧时间交互影响下 Y_{Co} 的响应曲面图及其等值线图，还原剂用量（质量分数）固定在 20%。从图中可以看出，焙烧温度的升高有利于 Co 浸出率的提高，且等值线分布均匀，表明焙烧温度与 Co 浸出率呈线性关系。在所有焙烧温度下，Co 浸出率随着焙烧时间的变化是先升高再降低，这与单因素实验结果相符。

3.5.6 优化条件确定

还原剂用量、焙烧温度和焙烧时间三个因素对 Ni 浸出率的交互影响分析表明，还原焙烧过程中最佳还原剂用量（质量分数）为 20%，还原剂用量不足或

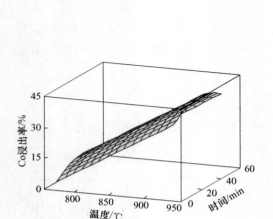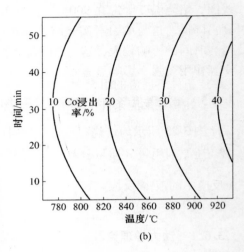

(a)   (b)

图 3-24   焙烧温度与焙烧时间对 Co 浸出率的交互影响

(a) 响应曲面图；(b) 等值线图

过高都会降低 Ni 浸出率，且用量不足时的影响效果要大于用量过高时的影响效果。

但是，响应曲面分析方法在模拟高温还原焙烧、预测 Ni 浸出率过程中出现了数据失真，导致无法确定 Ni 浸出的最佳焙烧温度和焙烧时间。例如，在 Y_{Ni} 的响应曲面图及其等值线图中，焙烧温度越高，Ni 浸出率越高，在 920℃ 左右的高温下仍可以获得 70% 以上的 Ni 浸出率，这与单因素实验结果是相互矛盾的。对比表 3-7 中数据可知，在焙烧温度高于 900℃ 时，Ni 实际浸出率与预测浸出率有相当大的差距，且焙烧温度越高，差距越明显。这主要有两个原因：一是焙烧温度在 900℃ 以上的数据只有一个，属边缘条件数据，提供的信息较少；二是在实际还原焙烧—氨浸过程中，当焙烧温度大于 900℃ 时，铁包裹现象明显，造成 Ni 浸出率急剧下降，属响应突变过程。响应曲面设计在模拟边缘条件下的响应突变过程出现了数据失真，这也是响应曲面设计在数据模拟和处理过程中有待完善的方面。

还原剂用量、焙烧温度和焙烧时间三个因素对 Co 浸出率的交互影响分析表明：焙烧温度也越高，Co 浸出率越高，且两者呈线性关系；还原剂用量和焙烧时间对 Co 浸出率的交互影响最大；还原剂用量不足或过高都会降低 Co 浸出率，且前者的影响效果要大于后者；焙烧时间不足或过长也会降低 Co 浸出率，但两者影响效果几乎相同。

在还原剂用量（质量分数）为 20%、焙烧温度为 930℃、焙烧时间为 30min 的优化条件下，通过二阶模型预测的 Co 浸出率为 41.7%，而通过实验得到的 Co

浸出率为 40.5%，说明响应曲面设计在模拟 Co 的浸出过程方面是有效的。

3.6 氨浸过程动力学研究

浸出动力学研究是工程放大和条件优化的基础。通过分析反应动力学，了解一定条件下反应的组成步骤和速率的表达式，然后按准稳态近似原理建立速率方程，并确定反应条件下的限制步骤及其积分表达式；进一步计算给定条件下的反应速率或反应到一定程度所需的时间，并分析各种因素对速度的影响，有针对性地优化浸出条件，以强化反应过程，从而提高浸出率。在浸出过程中，浸出动力学模型一般可以通过理论推导、经验积累或实验数据曲线形状来决定。其中浸出反应中的液-固反应动力学模型是湿法提取冶金生产中最重要、运用最为广泛的数学模型。

3.6.1 动力学理论及方法

液-固反应是湿法冶金中一类非常重要的过程，典型的液-固反应冶金过程包括矿物的浸出、离子交换、石灰石在熔渣中的熔化、合金元素在钢水中的溶解等。一个完整的液-固反应可以用式（3-44）表示：

$$aA(s) + bB(l) \Longrightarrow eE(s) + dD(l) \tag{3-44}$$

式中，A(s) 为固体反应物；B(l) 为液体反应物；E(s) 为固体生成物；D(l) 为液体生成物。具体反应过程不同可能会缺少 A、B、E、D 中一项或者两项，但至少包括一个固相和一个液相。

液-固多相反应最常见的反应模型为收缩未反应核模型，简称缩核模型。缩核模型又分为粒径不变和粒径缩小两种缩核模型。前者缩核模型的特点是有致密固相产物层生成，反应过程粒径不变；后者缩核模型的特点是反应物颗粒不断缩小，无固相产物层，产物溶解或形成离子进入溶液中。在实际的矿物浸出过程中，反应固体颗粒一般含有大量杂质，在反应过程中其尺寸几乎不发生变化，而是形成一层不脱落的固体膜层。如果此膜层致密，反应物或生成物难以在其中扩散，那么通过固体膜层的内扩散是整个反应速率的控制步骤；如果形成的固体膜层疏松多孔，反应物和产物极易通过，那么反应过程主要受化学反应控制。

随着反应的进行，产物层厚度逐渐增加，而固体的反应物核心逐渐减小，直到最后消失，即"收缩核模型"。该反应过程由五个步骤组成，包括外扩散、内扩散、化学反应、生成物通过产物层 E(s) 和边界层向外扩散。浸出速率取决于上述最慢步骤，例如外扩散步骤最慢，则反应过程为外扩散控制。如果两个步骤的速率大体相同，且远小于其他步骤速率，则反应过程为两者混合控制。

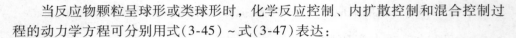

当反应物颗粒呈球形或类球形时，化学反应控制、内扩散控制和混合控制过程的动力学方程可分别用式（3-45）~式（3-47）表达：

$$1 - (1 - \alpha)^{1/3} = kt \tag{3-45}$$

$$1 - 2\alpha/3 - (1 - \alpha)^{2/3} = kt \tag{3-46}$$

$$1 - (1 - \alpha)^{1/3} + k_1[1 - 2\alpha/3 - (1 - \alpha)^{2/3}] = kt \tag{3-47}$$

式中，α 为浸出率；t 为反应时间；k 为综合速率常数；k_1 为项相关系数。

在推导上述反应方程时设定有前提条件，因此在开展动力学实验并使用上述动力学方程进行拟合时也必须遵守设定的前提条件。这些前提条件包括：

（1）反应物颗粒为单一粒度，可近似看做致密球形；

（2）浸出剂起始浓度大大过量或在实验过程中按消耗量连续补充，确保反应剂浓度视为不变。

控制步骤的确定必须通过实验确定。控制步骤不同，温度对反应速率的影响是不同的。当反应过程受化学反应控制时，随着温度的升高，反应速率急剧增大；当反应过程受扩散控制时，反应速率正比于扩散系数，而温度对扩散系数的影响远不及对化学反应速率的影响。因此在受扩散控制时，温度对浸出率的影响没有在受化学反应控制时显著。

浸出过程动力学的实验研究目的在于确定过程的速度与一些基本参数（如温度、反应物浓度）的关系。在动力学实验中，先确定不同反应温度下浸出率与反应时间的关系，然后采用各种控制模型对浸出反应数据进行线性拟合，选取合适的拟合模型。各拟合直线的斜率即相应条件下的反应速率常数 k。反应速率常数 k 与绝对温度 T 的关系可以用 Arrhenius 公式表示：

$$k = A\exp\left(-\frac{E}{RT}\right) \tag{3-48}$$

式中，k 为反应速率常数；A 为频率因子；E 为反应活化能；R 为气体常数。

将式（3-48）两边取对数可得：

$$\ln k = \ln A - \frac{E}{RT} \tag{3-49}$$

将不同温度下的 $\ln k$ 对绝对温度 T 的倒数作图可得 Arrhenius 图，图中直线斜率为 $-\dfrac{E}{RT}$，即可求出反应的表观活化能 E 的值，并以此判断反应控制步骤和提高反应速率的方法。

3.6.2 浸出动力学曲线

为了满足动力学研究需要，确定以下实验条件：焙砂质量 5g，粒径在

0.096～0.074mm（160～200目）之间，氨-碳酸铵溶液500mL，NH_3/CO_2为100∶65，从搅拌开始即通氧，通氧速率为0.1L/（min·g）。首先研究了搅拌速度对Ni浸出率的影响，结果如图3-25所示。从图中可知，当搅拌速度大于200r/min时，增大搅拌速度对Ni浸出率基本没有影响。实验过程确定搅拌速度为300r/min。

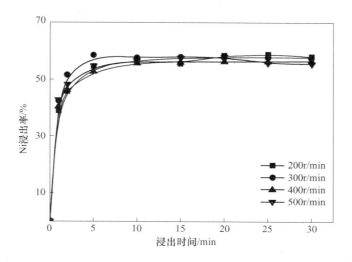

图3-25　搅拌速度对Ni浸出率的影响

按照上述条件开展动力学实验，测得了不同温度下Ni和Co浸出率随氨浸时间变化关系图，如图3-26和图3-27所示。

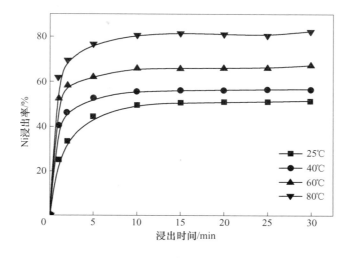

图3-26　不同温度下Ni浸出率与浸出时间的关系

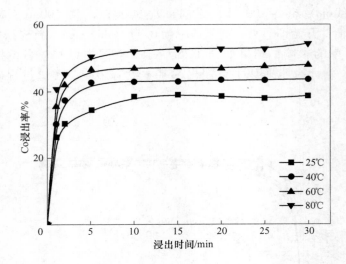

图 3-27   不同温度下 Co 浸出率与浸出时间的关系

图 3-26 表明，在所有温度下，Ni 浸出率随着焙烧时间的变化趋势是相同的，即随着焙烧时间的延长急剧上升，在 15min 内基本达到平衡。因此在动力学模型拟合过程中，采用 0 ~ 15min 之间的数据来分析 Ni 浸出率与时间的关系。升高温度，浸出率升高，且温度越高浸出率变化越明显。对比图 3-26 和图 3-27 可知，在相同温度下的 Co 浸出率行为与 Ni 浸出率行为非常相似，同样在 15min 内达到平衡。不同的是，温度对 Ni 浸出率的影响要大于对 Co 浸出率的影响。

根据图 3-26 和图 3-27 的实验数据，采用式（3-45）~ 式（3-47）对 Ni、Co 浸出曲线进行线性拟合。结果表明，Ni、Co 浸出曲线不符合广泛采用的收缩未反应核模型，但可以用 Bagdasarym 在 1945 年提出的关于多相液-固区域反应动力学模型来拟合，其反应进行程度 α 可用 Avrami 方程表示：

$$\alpha = 1 - \exp(-kt^n) \tag{3-50}$$

式中，α 为反应进行的程度，即 Ni、Co 浸出率；k 为反应速率常数；t 为反应时间；n 是矿物中晶粒性质和几何形状的函数，不随浸出条件而变，当 $n < 1$ 时，对应初始反应速率极大但反应速度随时间增长不断减小的反应类型[190]。

将式（3-50）两边同时取自然对数得：

$$\ln[-\ln(1-\alpha)] = \ln k + n \ln t \tag{3-51}$$

将各温度下不同时间的 Ni、Co 浸出率代入函数 $\ln[-\ln(1-\alpha)]$，并分别对相应 $\ln t$ 作图，可得图 3-28 和图 3-29。由图 3-28 和图 3-29 可知，Ni、Co 浸出率数据很好地满足线性关系。图 3-28 中各直线斜率 n 在 0.13 ~ 0.33 之间，平均值为 0.21；图 3-29 中各直线斜率 n 在 0.13 ~ 0.18 之间，平均值为 0.15。

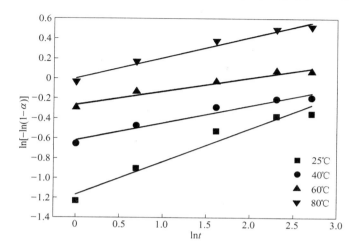

图 3-28 不同温度下 Ni 的 $\ln[-\ln(1-\alpha)]$ 与 $\ln t$ 的关系

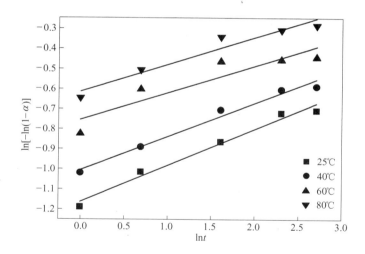

图 3-29 不同温度下 Co 的 $\ln[-\ln(1-\alpha)]$ 与 $\ln t$ 的关系

3.6.3 表观活化能和控制步骤

由式（3-51）可知，图 3-28 和图 3-29 中直线在坐标轴上的截距代表 $\ln k$。根据式（3-49），以 $\ln k$ 对 $1/T$ 作图，通过直线斜率可求得浸出反应表观活化能。

图 3-30 和图 3-31 分别为 Ni、Co 浸出反应的 $\ln k$ 与 $1/T$ 关系图，由图 3-30 和图 3-31 可计算出 Ni、Co 浸出反应的表观活化能 E_{Ni} 和 E_{Co} 分别为 18.07kJ/mol 和 8.99kJ/mol，活化能较低，说明 Ni、Co 浸出反应为固膜内扩散控制过程。因此，提高浸出率的主要措施包括：通过细磨降低焙砂的粒度，提高浸出剂氨的浓度，提高反应温度等。

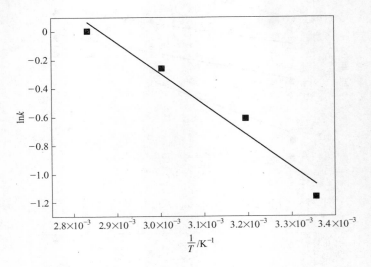

图 3-30   Ni 浸出过程 $\ln k$ 与 $1/T$ 的关系

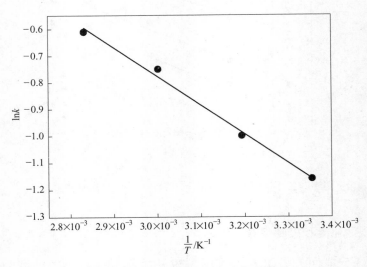

图 3-31   Co 浸出过程 $\ln k$ 与 $1/T$ 的关系

同时，根据式（3-49）以及图 3-30 和图 3-31 中直线在纵坐标上的截距可分

别求得频率因子 A_{Ni} 和 A_{Co}，即可获得 Ni、Co 浸出反应速率常数 k_{Ni}、k_{Co} 与 T 的函数关系式：

$$k_{Ni} = 5.04 \times 10^2 \times \exp(-2.17 \times 10^3/T) \tag{3-52}$$

$$k_{Co} = 0.12 \times 10^2 \times \exp(-1.08 \times 10^3/T) \tag{3-53}$$

4　镍红土矿硫酸熟化焙烧—
浸出理论及工艺研究

4.1　引言

第2章对菲律宾TB矿石的化学成分分析表明，其属于典型的褐铁矿型低品位镍红土矿，但相对国内YSM矿其钴含量较高，达到0.18%，具有较高的回收价值；元素赋存状态分析表明，TB矿石中的镍有90%左右以晶格取代的形式存在于针铁矿中，如果单纯采用常压硫酸浸出，铁的溶解率仍会很高；钴主要以物理吸附为主，90%左右的钴在稀硫酸的作用下即可被浸出。该类矿石适合采用镍钴浸出率高、铁溶解率低的方法，这些方法主要有高压酸浸法[12,199]和硫酸熟化焙烧—浸出法[200,201]。高压酸浸法处理镍红土矿具有镍钴选择率高、铁溶解率低、工艺成熟等优点，但是其昂贵的反应设备和苛刻的操作条件以及反应器结垢问题都严重影响了其应用。硫酸熟化焙烧—浸出法在常压下操作，能够针对性地降低铁溶解率，适合于该类矿石处理。

硫酸熟化焙烧—浸出法是利用浓硫酸与矿石反应，使矿石中的镍、钴、铁氧化物生成相应的硫酸盐，然后在一定温度下焙烧，将铁的硫酸盐选择性转化为不溶的铁氧化物，并通过水浸或者氨浸将其分离，从而达到镍、钴选择性浸出的目的。该工艺可行的先决条件是在一定的焙烧条件下能够形成铁的氧化物而镍、钴仍以硫酸盐形式存在，因此对硫酸化焙烧过程的热力学和动力学分析以及条件优化是非常重要的。本章研究采用硫酸熟化焙烧—浸出工艺处理TB矿石，对硫酸熟化焙烧过程和氨浸过程进行热力学分析，考察各种因素对镍、钴及杂质元素浸出率的影响，优化硫酸熟化焙烧过程工艺参数，探讨硫酸熟化焙烧过程动力学行为，为该工艺的工业化应用提供理论依据和技术支持。

4.2　硫酸熟化焙烧过程热力学分析

4.2.1　热力学数据及计算

镍红土矿硫酸熟化焙烧包含两个过程，一个过程是矿物和浓硫酸反应生成相应的硫酸盐，另一个过程是硫酸盐在焙烧过程分解形成对应氧化物。根据图2-2和2.1节相关研究结果分析可知，TB矿石中除含有价金属Ni、Co外，还含有Fe、Mn、Al、Mg、Zn、Cr、Cu等金属元素。Ni、Co等元素除存在简单氧化物外，还存在与铁氧化物形成的复合氧化物，而铁主要以 FeOOH 和 Fe_3O_4 存在。虽然镍红土矿中的 Mg、Al、Cr 等金属元素主要以复合氧化物存在（例如镍红土矿中含 Mg 的物相包括蛇纹石（$3MgO \cdot 2SiO_2 \cdot 2H_2O$）、滑石（$3MgO \cdot 4SiO_2 \cdot H_2O$）、海泡石（$4MgO \cdot 6SiO_2 \cdot 7H_2O$）等），但是由于 TB 矿石中 Mg、Al、Cr 含量较低，无法确定其主要存在物相，因此采用其简单氧化物进行热力学分析。

镍红土矿硫酸熟化过程可能发生的化学反应及反应吉布斯自由能与温度的关系如下：

$$1/4NiFe_2O_4(s) + H_2SO_4(l) === 1/4NiSO_4(s) + 1/4Fe_2(SO_4)_3(s) + H_2O(g)$$

$$\Delta_r G^{\ominus}(J/mol) = -20117.5 - 105.65T \tag{4-1}$$

$$1/4CoFe_2O_4(s) + H_2SO_4(l) === 1/4CoSO_4(s) + 1/4Fe_2(SO_4)_3(s) + H_2O(g)$$

$$\Delta_r G^{\ominus}(J/mol) = -23042.5 - 100.33T \tag{4-2}$$

$$1/4MnFe_2O_4(s) + H_2SO_4(l) === 1/4MnSO_4(s) + 1/4Fe_2(SO_4)_3(s) + H_2O(g)$$

$$\Delta_r G^{\ominus}(J/mol) = -33297.5 - 100.12T \tag{4-3}$$

$$1/4ZnFe_2O_4(s) + H_2SO_4(l) === 1/4ZnSO_4(s) + 1/4Fe_2(SO_4)_3(s) + H_2O(g)$$

$$\Delta_r G^{\ominus}(J/mol) = -24250 - 102.66T \tag{4-4}$$

$$NiO(s) + H_2SO_4(l) === NiSO_4(s) + H_2O(g)$$

$$\Delta_r G^{\ominus}(J/mol) = -57930 - 107.55T \tag{4-5}$$

$$CoO(s) + H_2SO_4(l) === CoSO_4(s) + H_2O(g)$$

$$\Delta_r G^{\ominus}(J/mol) = -75920 - 92.69T \tag{4-6}$$

$$MnO(s) + H_2SO_4(l) === MnSO_4(s) + H_2O(g)$$

$$\Delta_r G^{\ominus}(J/mol) = -108140 - 84.12T \tag{4-7}$$

$$ZnO(s) + H_2SO_4(l) === ZnSO_4(s) + H_2O(g)$$

$$\Delta_r G^{\ominus}(J/mol) = -61070 - 98.85T \tag{4-8}$$

$$CuO(s) + H_2SO_4(l) === CuSO_4(s) + H_2O(g)$$

$$\Delta_r G^{\ominus}(J/mol) = -41950 - 98.47T \tag{4-9}$$

$$MgO(s) + H_2SO_4(l) === MgSO_4(s) + H_2O(g)$$

$$\Delta_r G^{\ominus}(J/mol) = -111490 - 96.51T \tag{4-10}$$

$$1/3Al_2O_3(s) + H_2SO_4(l) === 1/3Al_2(SO_4)_3(s) + H_2O(g)$$

$$\Delta_r G^{\ominus} \, (\mathrm{J/mol}) = -14417 - 84.61T \tag{4-11}$$

$$1/3\mathrm{Cr}_2\mathrm{O}_3(\mathrm{s}) + \mathrm{H}_2\mathrm{SO}_4(\mathrm{l}) = 1/3\mathrm{Cr}_2(\mathrm{SO}_4)_3(\mathrm{s}) + \mathrm{H}_2\mathrm{O}(\mathrm{g})$$

$$\Delta_r G^{\ominus} \, (\mathrm{J/mol}) = -21530 - 91.02T \tag{4-12}$$

$$1/3\mathrm{Fe}_2\mathrm{O}_3(\mathrm{s}) + \mathrm{H}_2\mathrm{SO}_4(\mathrm{l}) = 1/3\mathrm{Fe}_2(\mathrm{SO}_4)_3(\mathrm{s}) + \mathrm{H}_2\mathrm{O}(\mathrm{g})$$

$$\Delta_r G^{\ominus} \, (\mathrm{J/mol}) = -13650 - 105.18T \tag{4-13}$$

$$2/3\mathrm{FeOOH}(\mathrm{s}) + \mathrm{H}_2\mathrm{SO}_4(\mathrm{l}) = 1/3\mathrm{Fe}_2(\mathrm{SO}_4)_3(\mathrm{s}) + 4/3\mathrm{H}_2\mathrm{O}(\mathrm{g})$$

$$\Delta_r G^{\ominus} \, (\mathrm{J/mol}) = -65450 - 157.6T \tag{4-14}$$

$$1/4\mathrm{Fe}_3\mathrm{O}_4(\mathrm{s}) + \mathrm{H}_2\mathrm{SO}_4(\mathrm{l}) = 1/4\mathrm{Fe}_2(\mathrm{SO}_4)_3(\mathrm{s}) + 1/4\mathrm{FeSO}_4(\mathrm{s}) + \mathrm{H}_2\mathrm{O}(\mathrm{g})$$

$$\Delta_r G^{\ominus} \, (\mathrm{J/mol}) = -26185 - 102.43T \tag{4-15}$$

镍红土矿硫酸熟化产物的焙烧过程实质是硫酸盐分解生成对应的氧化物，并释放出 SO_3 的过程，其相关反应及反应吉布斯自由能与温度的关系如下：

$$\mathrm{NiSO}_4(\mathrm{s}) = \mathrm{NiO}(\mathrm{s}) + \mathrm{SO}_3(\mathrm{g})$$

$$\Delta_r G^{\ominus} \, (\mathrm{J/mol}) = 234350 - 180.92T \tag{4-16}$$

$$\mathrm{CoSO}_4(\mathrm{s}) = \mathrm{CoO}(\mathrm{s}) + \mathrm{SO}_3(\mathrm{g})$$

$$\Delta_r G^{\ominus} \, (\mathrm{J/mol}) = 252340 - 196.19T \tag{4-17}$$

$$\mathrm{MnSO}_4(\mathrm{s}) = \mathrm{MnO}(\mathrm{s}) + \mathrm{SO}_3(\mathrm{g})$$

$$\Delta_r G^{\ominus} \, (\mathrm{J/mol}) = 284560 - 204.35T \tag{4-18}$$

$$\mathrm{ZnSO}_4(\mathrm{s}) = \mathrm{ZnO}(\mathrm{s}) + \mathrm{SO}_3(\mathrm{g})$$

$$\Delta_r G^{\ominus} \, (\mathrm{J/mol}) = 237490 - 189.62T \tag{4-19}$$

$$\mathrm{CuSO}_4(\mathrm{s}) = \mathrm{CuO}(\mathrm{s}) + \mathrm{SO}_3(\mathrm{g})$$

$$\Delta_r G^{\ominus} \, (\mathrm{J/mol}) = 218370 - 190T \tag{4-20}$$

$$\mathrm{MgSO}_4(\mathrm{s}) = \mathrm{MgO}(\mathrm{s}) + \mathrm{SO}_3(\mathrm{g})$$

$$\Delta_r G^{\ominus} \, (\mathrm{J/mol}) = 287910 - 191.96T \tag{4-21}$$

$$1/3\mathrm{Al}_2(\mathrm{SO}_4)_3(\mathrm{s}) = 1/3\mathrm{Al}_2\mathrm{O}_3(\mathrm{s}) + \mathrm{SO}_3(\mathrm{g})$$

$$\Delta_r G^{\ominus} \, (\mathrm{J/mol}) = 190840 - 193.86T \tag{4-22}$$

$$1/3\mathrm{Fe}_2(\mathrm{SO}_4)_3(\mathrm{s}) = 1/3\mathrm{Fe}_2\mathrm{O}_3(\mathrm{s}) + \mathrm{SO}_3(\mathrm{g})$$

$$\Delta_r G^\ominus \text{(J/mol)} = 190070 - 183.29T \tag{4-23}$$

$$1/3Cr_2(SO_4)_3(s) \Longrightarrow 1/3Cr_2O_3(s) + SO_3(g)$$

$$\Delta_r G^\ominus \text{(J/mol)} = 197950 - 197.45T \tag{4-24}$$

4.2.2 硫酸熟化焙烧过程主要反应 $\Delta_r G^\ominus$-T 图

将式(4-1)~式(4-15)对应的 $\Delta_r G^\ominus$-T 关系式绘图,如图4-1所示。

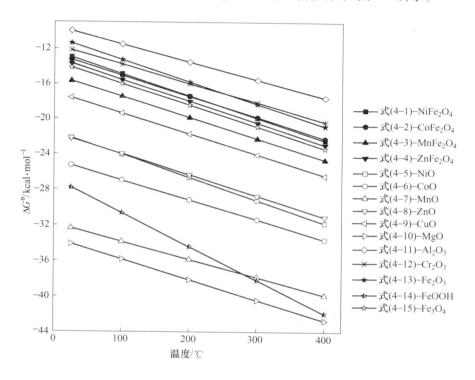

图4-1 硫酸熟化过程主要反应的 $\Delta_r G^\ominus$-T 关系(1cal = 4.184J)

从图4-1中可知,对于反应式(4-1)~式(4-15),在所研究的温度范围内 $\Delta_r G^\ominus < 0$,且随着温度的升高,$\Delta_r G^\ominus$ 越来越小,说明上述所有反应都可以自发进行,即所有形式的金属氧化物都可以和浓硫酸反应生成相应的硫酸盐。根据各 $\Delta_r G^\ominus$-T 直线在图中的位置关系,可以得出以下结论:

(1)Ni、Co、Mn、Zn 对应的铁酸盐在低温硫酸化过程中的反应进行趋势为:$MnFe_2O_4 > ZnFe_2O_4 > CoFe_2O_4 \approx NiFe_2O_4$;

(2)Ni、Co、Mn、Zn、Mg、Al、Cr、Fe 对应的简单氧化物在低温硫酸化过程中的反应进行趋势为:$MgO > MnO > FeOOH > CoO > ZnO \approx NiO > CuO > Fe_3O_4 >$

$Cr_2O_3 > Fe_2O_3 > Al_2O_3$。

将式(4-16)~式（4-24）对应的 $\Delta_r G^\ominus$-T 关系式绘图，如图4-2所示。

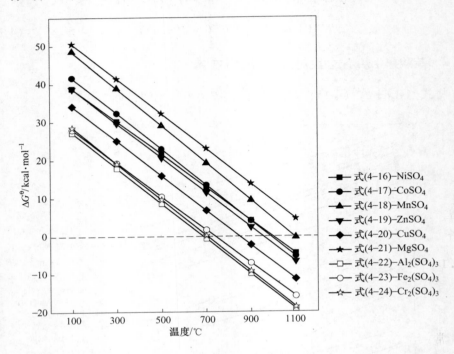

图 4-2   熟化产物焙烧过程主要反应的 $\Delta_r G^\ominus$-T 关系 （1cal = 4.184J）

图4-2表明，对于反应式(4-16)~式（4-24），随着温度的升高，$\Delta_r G^\ominus$ 越来越小。当温度高于700℃左右时，反应式(4-22)~式（4-24）的 $\Delta_r G^\ominus < 0$，反应可以自发进行，而反应式(4-16)~式（4-21）的 $\Delta_r G^\ominus > 0$，反应不能进行，仍以硫酸盐形式存在；当温度达到850℃或更高时，Cu、Zn、Ni、Co、Mn、Mg 的硫酸盐依次开始分解。

基于以上特点，镍红土矿硫酸熟化产物经特定温度的焙烧处理，可以将 Fe、Al、Cr 的硫酸盐分解成相应的氧化物，而 Ni、Co 等有价金属仍以硫酸盐形式存在。通过浸出过程，可以使 Ni、Co 等以离子形态进入溶液，而 Fe、Al、Cr 以氧化物形式留在渣中，从而实现镍红土矿中 Ni、Co 等有价金属与 Fe、Al、Cr 的初步分离。

4.3   焙烧产物氨浸过程热力学分析

在硫酸熟化焙烧产物的氨浸过程中，体系的热力学性质对于有价金属的稳定溶出以及杂质离子的沉淀起着决定性作用。从热力学的角度研究氨浸体系的平衡状态，探讨 pH 值对体系热力学平衡的影响，可揭示 pH 值、温度、添加剂及反应物种类和浓度对氨浸过程的影响规律。硫酸熟化焙烧产物中 Ni、Co、Mn、Zn、Cu、Mg 以及少量 Fe 主要以硫酸盐形式存在，其在氨性溶液中的热力学行为可以采用相应的 E-pH 图和浓度对数-pH 图进行分析。由于氨浸过程发生的主要反应是金属离子与氨的配合反应以及金属离子的水解沉淀反应，没有氧化还原反应的发生，因此研究氨浸体系 $\lg c_{Me,T}$-pH 图是研究该体系热力学行为较为合适的方法。

在矿物浸出过程中采用的氨性体系主要有氨-硫酸铵、氨-碳酸铵和氨-氯化铵三种。镍红土矿硫酸熟化焙烧产物主要为硫酸盐，因此氨-硫酸铵是氨浸过程的首选体系。加入硫酸铵的主要目的是为了调节氨溶液的 pH 值，但加入碳酸铵不仅可以调节溶液 pH 值，而且 CO_3^{2-} 能够缩小这些金属离子在氨性溶液中稳定存在的 pH 值范围。本节根据同时平衡原理和质量守恒的原理，推导出了 Me-NH$_3$-CO_3^{2-}-H$_2$O 体系所含金属离子及其氨配合物在水溶液中的热力学平衡数学模型，计算并绘出体系中所含金属离子的 $\lg c_{Me,T}$-pH 关系图，研究 pH 值对体系平衡和对各金属离子存在形式的影响。

4.3.1 热力学数据及计算

表 4-1 ~ 表 4-7 分别列出了 Me-NH$_3$-CO_3^{2-}-H$_2$O 体系中 Ni(Ⅱ)、Co(Ⅱ)、Mn(Ⅱ)、Zn(Ⅱ)、Cu(Ⅱ)、Mg(Ⅱ)、Fe(Ⅱ)可能存在的化学反应方程式及其平衡常数[191~193,202~207]。

表 4-1 Ni(Ⅱ)可能存在的化学反应及其平衡常数 （$T = 298K$）

序 号	反 应	$\lg K$
1	$H_2O = H^+ + OH^-$	-14.00
2	$NH_4^+ = H^+ + NH_3$	-9.24
3	$H_2CO_3 = H^+ + HCO_3^-$	-6.35
4	$HCO_3^- = H^+ + CO_3^{2-}$	-10.30
5	$NiCO_3(s) = Ni^{2+} + CO_3^{2-}$	-6.87
6	$Ni(OH)_2(s) = Ni^{2+} + 2OH^-$	-15.26
7	$Ni(NH_3)^{2+} = Ni^{2+} + NH_3$	-2.80
8	$Ni(NH_3)_2^{2+} = Ni^{2+} + 2NH_3$	-5.05
9	$Ni(NH_3)_3^{2+} = Ni^{2+} + 3NH_3$	-6.77
10	$Ni(NH_3)_4^{2+} = Ni^{2+} + 4NH_3$	-7.96
11	$Ni(NH_3)_5^{2+} = Ni^{2+} + 5NH_3$	-8.71
12	$Ni(NH_3)_6^{2+} = Ni^{2+} + 6NH_3$	-8.74
13	$Ni_2(OH)^{3+} = 2Ni^{2+} + OH^-$	-3.30
14	$Ni(OH)^+ = Ni^{2+} + OH^-$	-4.97

续表 4-1

序 号	反 应	lg$K$
15	$Ni(OH)_2^0 = Ni^{2+} + 2OH^-$	-8.55
16	$Ni(OH)_3^- = Ni^{2+} + 3OH^-$	-11.33

表 4-2 Co(II)可能存在的化学反应及其平衡常数 ($T=298K$)

序 号	反 应	lg$K$
1	$CoCO_3(s) = Co^{2+} + CO_3^{2-}$	-9.98
2	$Co(OH)_2(s) = Co^{2+} + 2OH^-$	-14.80
3	$Co(NH_3)^{2+} = Co^{2+} + NH_3$	-2.11
4	$Co(NH_3)_2^{2+} = Co^{2+} + 2NH_3$	-3.74
5	$Co(NH_3)_3^{2+} = Co^{2+} + 3NH_3$	-4.79
6	$Co(NH_3)_4^{2+} = Co^{2+} + 4NH_3$	-5.55
7	$Co(NH_3)_5^{2+} = Co^{2+} + 5NH_3$	-5.73
8	$Co(NH_3)_6^{2+} = Co^{2+} + 6NH_3$	-5.11
9	$Co_2(OH)^{3+} = 2Co^{2+} + OH^-$	-2.70
10	$Co(OH)^+ = Co^{2+} + OH^-$	-4.25
11	$Co(OH)_2^0 = Co^{2+} + 2OH^-$	-9.20
12	$Co(OH)_3^- = Co^{2+} + 3OH^-$	-10.50
13	$Co(OH)_4^{2-} = Co^{2+} + 4OH^-$	-22.90

表 4-3 Mn(II)可能存在的化学反应及其平衡常数 ($T=298K$)

序 号	反 应	lg$K$
1	$MnCO_3(s) = Mn^{2+} + CO_3^{2-}$	-9.30
2	$Mn(OH)_2(s) = Mn^{2+} + 2OH^-$	-12.72
3	$Mn(NH_3)^{2+} = Mn^{2+} + NH_3$	-0.80
4	$Mn(NH_3)_2^{2+} = Mn^{2+} + 2NH_3$	-1.30
5	$Mn(NH_3)_3^{2+} = Mn^{2+} + 3NH_3$	-1.73
6	$Mn(NH_3)_4^{2+} = Mn^{2+} + 4NH_3$	-1.34
7	$Mn_2(OH)^{3+} = 2Mn^{2+} + OH^-$	-3.40
8	$Mn(OH)^+ = Mn^{2+} + OH^-$	-3.90
9	$Mn(OH)_2^0 = Mn^{2+} + 2OH^-$	-5.80
10	$Mn(OH)_3^- = Mn^{2+} + 3OH^-$	-8.30
11	$Mn(OH)_4^{2-} = Mn^{2+} + 4OH^-$	-7.70
12	$Mn_2(OH)_3^+ = 2Mn^{2+} + 3OH^-$	-18.10

表 4-4　Zn(Ⅱ)可能存在的化学反应及其平衡常数 （T = 298K）

序　号	反　应	lgK
1	$ZnCO_3(s) = Zn^{2+} + CO_3^{2-}$	-10.00
2	$Zn(OH)_2(s) = Zn^{2+} + 2OH^-$	-16.50
3	$Zn(NH_3)^{2+} = Zn^{2+} + NH_3$	-2.37
4	$Zn(NH_3)_2^{2+} = Zn^{2+} + 2NH_3$	-4.81
5	$Zn(NH_3)_3^{2+} = Zn^{2+} + 3NH_3$	-7.31
6	$Zn(NH_3)_4^{2+} = Zn^{2+} + 4NH_3$	-9.46
7	$Zn_2(OH)^{3+} = 2Zn^{2+} + OH^-$	-5.00
8	$Zn(OH)^+ = Zn^{2+} + OH^-$	-4.40
9	$Zn(OH)_2^0 = Zn^{2+} + 2OH^-$	-11.30
10	$Zn(OH)_3^- = Zn^{2+} + 3OH^-$	-14.14
11	$Zn(OH)_4^{2-} = Zn^{2+} + 4OH^-$	-17.66

表 4-5　Cu(Ⅱ)可能存在的化学反应及其平衡常数 （T = 298K）

序　号	反　应	lgK
1	$CuCO_3(s) = Cu^{2+} + CO_3^{2-}$	-9.63
2	$Cu(OH)_2(s) = Cu^{2+} + 2OH^-$	-19.66
3	$Cu(NH_3)^{2+} = Cu^{2+} + NH_3$	-4.24
4	$Cu(NH_3)_2^{2+} = Cu^{2+} + 2NH_3$	-7.83
5	$Cu(NH_3)_3^{2+} = Cu^{2+} + 3NH_3$	-10.83
6	$Cu(NH_3)_4^{2+} = Cu^{2+} + 4NH_3$	-13.00
7	$Cu(NH_3)_5^{2+} = Cu^{2+} + 5NH_3$	-12.43
8	$Cu(OH)^+ = Cu^{2+} + OH^-$	-7.00
9	$Cu(OH)_2^0 = Cu^{2+} + 2OH^-$	-13.68
10	$Cu(OH)_3^- = Cu^{2+} + 3OH^-$	-17.00
11	$Cu(OH)_4^{2-} = Cu^{2+} + 4OH^-$	-18.50

表 4-6　Mg(Ⅱ)可能存在的化学反应及其平衡常数 （T = 298K）

序　号	反　应	lgK
1	$MgCO_3(s) = Mg^{2+} + CO_3^{2-}$	-7.46
2	$Mg(OH)_2(s) = Mg^{2+} + 2OH^-$	-11.25
3	$Mg(NH_3)^{2+} = Mg^{2+} + NH_3$	-0.23
4	$Mg(NH_3)_2^{2+} = Mg^{2+} + 2NH_3$	-0.08
5	$Mg(NH_3)_3^{2+} = Mg^{2+} + 3NH_3$	0.34
6	$Mg(NH_3)_4^{2+} = Mg^{2+} + 4NH_3$	1.04

序　号	反　　应	lgK
7	$Mg(NH_3)_5^{2+} = Mg^{2+} + 5NH_3$	1.99
8	$Mg(NH_3)_6^{2+} = Mg^{2+} + 6NH_3$	3.29
9	$Mg(OH)^+ = Mg^{2+} + OH^-$	-2.58
10	$Mg(OH)_2^0 = Mg^{2+} + 2OH^-$	-1.00

表 4-7　Fe(Ⅱ)可能存在的化学反应及其平衡常数（$T = 298K$）

序　号	反　　应	lgK
1	$FeCO_3(s) = Fe^{2+} + CO_3^{2-}$	-10.68
2	$Fe(OH)_2(s) = Fe^{2+} + 2OH^-$	-14.72
3	$Fe(NH_3)^{2+} = Fe^{2+} + NH_3$	-1.40
4	$Fe(NH_3)_2^{2+} = Fe^{2+} + 2NH_3$	-2.20
5	$Fe(NH_3)_3^{2+} = Fe^{2+} + 3NH_3$	-3.63
6	$Fe(NH_3)_4^{2+} = Fe^{2+} + 4NH_3$	-4.00
7	$Fe(NH_3)_5^{2+} = Fe^{2+} + 5NH_3$	-3.90
8	$Fe(OH)^+ = Fe^{2+} + OH^-$	-5.56
9	$Fe(OH)_2^0 = Fe^{2+} + 2OH^-$	-9.77
10	$Fe(OH)_3^- = Fe^{2+} + 3OH^-$	-9.67
11	$Fe(OH)_4^{2-} = Fe^{2+} + 4OH^-$	-8.58

在热力学计算中，分别以 $c_{Ni,T}$、$c_{Co,T}$、$c_{Mn,T}$、$c_{Zn,T}$、$c_{Cu,T}$、$c_{Mg,T}$、$c_{Fe,T}$、c_{NH_3}、c_{CO_3} 分别表示溶液中以各种形式存在的 Ni(Ⅱ)、Co(Ⅱ)、Mn(Ⅱ)、Zn(Ⅱ)、Cu(Ⅱ)、Mg(Ⅱ)、Fe(Ⅱ)、NH_3 和 CO_3^{2-} 的总浓度。根据溶液中各离子的质量守恒原理，依据表 4-1~表 4-7 中的各反应平衡式可推导出以下方程：

$$c_{Ni,T} = c_{Ni^{2+}} + c_{Ni(NH_3)^{2+}} + c_{Ni(NH_3)_2^{2+}} + c_{Ni(NH_3)_3^{2+}} + c_{Ni(NH_3)_4^{2+}} + c_{Ni(NH_3)_5^{2+}} +$$
$$c_{Ni(NH_3)_6^{2+}} + 2c_{Ni_2(OH)^{3+}} + c_{Ni(OH)^+} + c_{Ni(OH)_2^0} + c_{Ni(OH)_3^-} \tag{4-25}$$

$$c_{Co,T} = c_{Co^{2+}} + c_{Co(NH_3)^{2+}} + c_{Co(NH_3)_2^{2+}} + c_{Co(NH_3)_3^{2+}} + c_{Co(NH_3)_4^{2+}} + c_{Co(NH_3)_5^{2+}} +$$
$$c_{Co(NH_3)_6^{2+}} + 2c_{Co_2(OH)^{3+}} + c_{Co(OH)^+} + c_{Co(OH)_2^0} + c_{Co(OH)_3^-} + c_{Co(OH)_4^{2-}} \tag{4-26}$$

$$c_{Mn,T} = c_{Mn^{2+}} + c_{Mn(NH_3)^{2+}} + c_{Mn(NH_3)_2^{2+}} + c_{Mn(NH_3)_3^{2+}} + c_{Mn(NH_3)_4^{2+}} + 2c_{Mn_2(OH)^{3+}} +$$
$$c_{Mn(OH)^+} + c_{Mn(OH)_2^0} + c_{Mn(OH)_3^-} - c_{Mn(OH)_4^{2-}} + 2c_{Mn_2(OH)_3^+} \tag{4-27}$$

$$c_{Zn,T} = c_{Zn^{2+}} + c_{Zn(NH_3)^{2+}} + c_{Zn(NH_3)_2^{2+}} + c_{Zn(NH_3)_3^{2+}} + c_{Zn(NH_3)_4^{2+}} + 2c_{Zn_2(OH)^{3+}} +$$

$$c_{Zn(OH)^+} + c_{Zn(OH)_2^0} + c_{Zn(OH)_3^-} + c_{Zn(OH)_4^{2-}} \tag{4-28}$$

$$c_{Cu,T} = c_{Cu^{2+}} + c_{Cu(NH_3)^{2+}} + c_{Cu(NH_3)_2^{2+}} + c_{Cu(NH_3)_3^{2+}} + c_{Cu(NH_3)_4^{2+}} + c_{Cu(NH_3)_5^{2+}} +$$

$$c_{Cu(OH)^+} + c_{Cu(OH)_2^0} + c_{Cu(OH)_3^-} + c_{Cu(OH)_4^{2-}} \tag{4-29}$$

$$c_{Mg,T} = c_{Mg^{2+}} + c_{Mg(NH_3)^{2+}} + c_{Mg(NH_3)_2^{2+}} + c_{Mg(NH_3)_3^{2+}} + c_{Mg(NH_3)_4^{2+}} + c_{Mg(NH_3)_5^{2+}} +$$

$$c_{Mg(NH_3)_6^{2+}} + c_{Mg(OH)^+} + c_{Mg(OH)_2^0} \tag{4-30}$$

$$c_{Fe,T} = c_{Fe^{2+}} + c_{Fe(NH_3)^{2+}} + c_{Fe(NH_3)_2^{2+}} + c_{Fe(NH_3)_3^{2+}} + c_{Fe(NH_3)_4^{2+}} + c_{Fe(NH_3)_5^{2+}} +$$

$$c_{Fe(OH)^+} + c_{Fe(OH)_2^0} + c_{Fe(OH)_3^-} + c_{Fe(OH)_4^{2-}} \tag{4-31}$$

$$c_{NH_3,T} = c_{NH_3} + c_{NH_4^+} + c_{Ni(NH_3)^{2+}} + 2c_{Ni(NH_3)_2^{2+}} + 3c_{Ni(NH_3)_3^{2+}} + 4c_{Ni(NH_3)_4^{2+}} +$$

$$5c_{Ni(NH_3)_5^{2+}} + 6c_{Ni(NH_3)_6^{2+}} + c_{Co(NH_3)^{2+}} + 2c_{Co(NH_3)_2^{2+}} + 3c_{Co(NH_3)_3^{2+}} +$$

$$4c_{Co(NH_3)_4^{2+}} + 5c_{Co(NH_3)_5^{2+}} + 6c_{Co(NH_3)_6^{2+}} + c_{Mn(NH_3)^{2+}} + 2c_{Mn(NH_3)_2^{2+}} +$$

$$3c_{Mn(NH_3)_3^{2+}} + 4c_{Mn(NH_3)_4^{2+}} + c_{Zn(NH_3)^{2+}} + 2c_{Zn(NH_3)_2^{2+}} + 3c_{Zn(NH_3)_3^{2+}} +$$

$$4c_{Zn(NH_3)_4^{2+}} + c_{Cu(NH_3)^{2+}} + 2c_{Cu(NH_3)_2^{2+}} + 3c_{Cu(NH_3)_3^{2+}} + 4c_{Cu(NH_3)_4^{2+}} +$$

$$5c_{Cu(NH_3)_5^{2+}} + c_{Mg(NH_3)^{2+}} + 2c_{Mg(NH_3)_2^{2+}} + 3c_{Mg(NH_3)_3^{2+}} + 4c_{Mg(NH_3)_4^{2+}} +$$

$$5c_{Mg(NH_3)_5^{2+}} + 6c_{Mg(NH_3)_6^{2+}} + c_{Fe(NH_3)^{2+}} + 2c_{Fe(NH_3)_2^{2+}} + 3c_{Fe(NH_3)_3^{2+}} +$$

$$4c_{Fe(NH_3)_4^{2+}} + 5c_{Fe(NH_3)_5^{2+}} \tag{4-32}$$

$$c_{CO_3,T} = c_{CO_3^{2-}} + c_{HCO_3^-} + c_{H_2CO_3} \tag{4-33}$$

以上 9 个方程式是溶液中 Ni(Ⅱ)、Co(Ⅱ)、Mn(Ⅱ)、Zn(Ⅱ)、Cu(Ⅱ)、Mg(Ⅱ)、Fe(Ⅱ)、NH_3 和 CO_3^{2-} 的质量守恒式，以下对其中各项离子分布浓度进行计算。根据冶金热力学相关公式、定理可以作出以下计算：

（1）$c_{Ni,T}$ 的计算。由 pH 值定义可知：$pH = -\lg c_{H^+}$，则 $c_{H^+} = 10^{-pH}$。同时根据水的离解平衡反应方程

$$H_2O \Longrightarrow H^+ + OH^- \qquad K = c_{H^+}c_{OH^-}$$

可得 c_{OH^-} 与 pH 值之间的关系为：

$$c_{OH^-} = 10^{pH-14}$$

根据表 4-1 中第 14 号反应式有：

$$c_{Ni^{2+}} c_{OH^-} / c_{Ni(OH)^+} = 10^{-4.97}$$

可得：

$$c_{Ni(OH)^+} = 10^{4.97} c_{Ni^{2+}} c_{OH^-} = 10^{4.97} c_{Ni^{2+}} \times 10^{pH-14} = 10^{pH-9.03} c_{Ni^{2+}}$$

同理可推导知：

$$c_{Ni_2(OH)^{3+}} = 10^{pH-10.70} c_{Ni^{2+}}^2$$

$$c_{Ni(OH)_2^0} = 10^{2 \times pH-19.45} c_{Ni^{2+}}$$

$$c_{Ni(OH)_3^-} = 10^{3 \times pH-30.67} c_{Ni^{2+}}$$

根据表 4-1 中第 7 号反应式有：

$$c_{Ni^{2+}} c_{NH_3} / c_{Ni(NH_3)^{2+}} = 10^{-2.80}$$

可得：

$$c_{Ni(NH_3)^{2+}} = 10^{2.80} c_{Ni^{2+}} c_{NH_3}$$

同理可推导知：

$$c_{Ni(NH_3)_2^{2+}} = 10^{5.05} c_{Ni^{2+}} c_{NH_3}^2$$

$$c_{Ni(NH_3)_3^{2+}} = 10^{6.77} c_{Ni^{2+}} c_{NH_3}^3$$

$$c_{Ni(NH_3)_4^{2+}} = 10^{7.96} c_{Ni^{2+}} c_{NH_3}^4$$

$$c_{Ni(NH_3)_5^{2+}} = 10^{8.71} c_{Ni^{2+}} c_{NH_3}^5$$

$$c_{Ni(NH_3)_6^{2+}} = 10^{8.74} c_{Ni^{2+}} c_{NH_3}^6$$

将上述方程式代入式（4-25）可得：

$$c_{Ni,T} = c_{Ni^{2+}} + 10^{2.80} c_{Ni^{2+}} c_{NH_3} + 10^{5.05} c_{Ni^{2+}} c_{NH_3}^2 + 10^{6.77} c_{Ni^{2+}} c_{NH_3}^3 + 10^{7.96} c_{Ni^{2+}} c_{NH_3}^4 +$$

$$10^{8.71} c_{Ni^{2+}} c_{NH_3}^5 + 10^{8.74} c_{Ni^{2+}} c_{NH_3}^6 + 2 \times 10^{pH-10.70} c_{Ni^{2+}}^2 + 10^{pH-9.03} c_{Ni^{2+}} +$$

$$10^{2 \times pH-19.45} c_{Ni^{2+}} + 10^{3 \times pH-30.67} c_{Ni^{2+}}$$

$$= c_{Ni^{2+}} (1 + 10^{2.80} c_{NH_3} + 10^{5.05} c_{NH_3}^2 + 10^{6.77} c_{NH_3}^3 + 10^{7.96} c_{NH_3}^4 + 10^{8.71} c_{NH_3}^5 +$$

$$10^{8.74} c_{NH_3}^6 + 2 \times 10^{pH-10.70} c_{Ni^{2+}} + 10^{pH-9.03} + 10^{2 \times pH-19.45} + 10^{3 \times pH-30.67}) \quad (4-34)$$

同理可得：

$$c_{Co,T} = c_{Co^{2+}}(1 + 10^{2.11}c_{NH_3} + 10^{3.74}c_{NH_3}^2 + 10^{4.79}c_{NH_3}^3 + 10^{5.55}c_{NH_3}^4 +$$
$$10^{5.73}c_{NH_3}^5 + 10^{5.11}c_{NH_3}^6 + 2 \times 10^{pH-11.30}c_{Co^{2+}} + 10^{pH-9.75} +$$
$$10^{2 \times pH-18.80} + 10^{3 \times pH-31.50} + 10^{4 \times pH-33.10}) \qquad (4-35)$$

$$c_{Mn,T} = c_{Mn^{2+}}(1 + 10^{0.80}c_{NH_3} + 10^{1.30}c_{NH_3}^2 + 10^{1.73}c_{NH_3}^3 + 10^{1.34}c_{NH_3}^4 +$$
$$2 \times 10^{pH-10.6}c_{Mn^{2+}} + 10^{pH-10.1} + 10^{2 \times pH-22.2} + 10^{3 \times pH-33.70} +$$
$$10^{4 \times pH-48.30} + 2 \times 10^{3 \times pH-23.9}c_{Mn^{2+}}) \qquad (4-36)$$

$$c_{Zn,T} = c_{Zn^{2+}}(1 + 10^{2.37}c_{NH_3} + 10^{4.81}c_{NH_3}^2 + 10^{7.31}c_{NH_3}^3 + 10^{9.46}c_{NH_3}^4 +$$
$$2 \times 10^{pH-9.00}c_{Zn^{2+}} + 10^{pH-9.60} + 10^{2 \times pH-16.70} +$$
$$10^{3 \times pH-27.86} + 10^{4 \times pH-38.34}) \qquad (4-37)$$

$$c_{Cu,T} = c_{Cu^{2+}}(1 + 10^{4.24}c_{NH_3} + 10^{7.83}c_{NH_3}^2 + 10^{10.83}c_{NH_3}^3 + 10^{13.00}c_{NH_3}^4 +$$
$$10^{12.43}c_{NH_3}^5 + 10^{pH-7.00} + 10^{2 \times pH-14.32} + 10^{3 \times pH-25.00} +$$
$$10^{4 \times pH-37.50}) \qquad (4-38)$$

$$c_{Mg,T} = c_{Mg^{2+}}(1 + 10^{0.23}c_{NH_3} + 10^{0.08}c_{NH_3}^2 + 10^{-0.34}c_{NH_3}^3 + 10^{-1.04}c_{NH_3}^4 +$$
$$10^{-1.99}c_{NH_3}^5 + 10^{-3.29}c_{NH_3}^6 + 10^{pH-11.42} + 10^{2 \times pH-27.00}) \qquad (4-39)$$

$$c_{Fe,T} = c_{Fe^{2+}}(1 + 10^{1.40}c_{NH_3} + 10^{2.20}c_{NH_3}^2 + 10^{3.68}c_{NH_3}^3 + 10^{4.00}c_{NH_3}^4 +$$
$$10^{3.90}c_{NH_3}^5 + 10^{pH-8.44} + 10^{2 \times pH-18.23} + 10^{3 \times pH-32.33} +$$
$$10^{4 \times pH-47.42}) \qquad (4-40)$$

（2）$c_{NH_3,T}$的计算。由表4-1中第2号式可知：

$$c_{NH_4^+} = 10^{9.24-pH}c_{NH_3}$$

所以：

$$c_{NH_3,T} = c_{NH_3} + 10^{9.24-pH}c_{NH_3} + c_{Ni^{2+}}(10^{2.80}c_{NH_3} + 2 \times 10^{5.05}c_{NH_3}^2 + 3 \times 10^{6.77}c_{NH_3}^3 +$$
$$4 \times 10^{7.96}c_{NH_3}^4 + 5 \times 10^{8.71}c_{NH_3}^5 + 6 \times 10^{8.74}c_{NH_3}^6) + c_{Co^{2+}}(10^{2.11}c_{NH_3} +$$
$$2 \times 10^{3.74}c_{NH_3}^2 + 3 \times 10^{4.79}c_{NH_3}^3 + 4 \times 10^{5.55}c_{NH_3}^4 + 5 \times 10^{5.73}c_{NH_3}^5 +$$

$$6 \times 10^{5.11} c_{NH_3}^6) + c_{Mn^{2+}}(10^{0.80} c_{NH_3} + 2 \times 10^{1.30} c_{NH_3}^2 + 3 \times 10^{1.73} c_{NH_3}^3 +$$

$$4 \times 10^{1.34} c_{NH_3}^4) + c_{Zn^{2+}}(10^{2.37} c_{NH_3} + 2 \times 10^{4.81} c_{NH_3}^2 + 3 \times 10^{7.31} c_{NH_3}^3 +$$

$$4 \times 10^{9.46} c_{NH_3}^4) + c_{Cu^{2+}}(10^{4.24} c_{NH_3} + 2 \times 10^{7.83} c_{NH_3}^2 + 3 \times 10^{10.83} c_{NH_3}^3 +$$

$$4 \times 10^{13.00} c_{NH_3}^4 + 5 \times 10^{12.43} c_{NH_3}^5) + c_{Mg^{2+}}(10^{0.23} c_{NH_3} + 2 \times 10^{0.08} c_{NH_3}^2 +$$

$$3 \times 10^{-0.34} c_{NH_3}^3 + 4 \times 10^{-1.04} c_{NH_3}^4 + 5 \times 10^{-1.99} c_{NH_3}^5 + 6 \times 10^{-3.29} c_{NH_3}^6)$$

$$+ c_{Fe^{2+}}(10^{1.40} c_{NH_3} + 2 \times 10^{2.20} c_{NH_3}^2 + 3 \times 10^{3.68} c_{NH_3}^3 + 4 \times 10^{4.00} c_{NH_3}^4 +$$

$$5 \times 10^{3.90} c_{NH_3}^5)$$

$$= c_{NH_3}[1 + 10^{9.24-pH} + c_{Ni^{2+}}(10^{2.80} + 2 \times 10^{5.05} c_{NH_3} + 3 \times 10^{6.77} c_{NH_3}^2 +$$

$$4 \times 10^{7.96} c_{NH_3}^3 + 5 \times 10^{8.71} c_{NH_3}^4 + 6 \times 10^{8.74} c_{NH_3}^5) + c_{Co^{2+}}(10^{2.11} +$$

$$2 \times 10^{3.74} c_{NH_3} + 3 \times 10^{4.79} c_{NH_3}^2 + 4 \times 10^{5.55} c_{NH_3}^3 + 5 \times 10^{5.73} c_{NH_3}^4 +$$

$$6 \times 10^{5.11} c_{NH_3}^5) + c_{Mn^{2+}}(10^{0.80} + 2 \times 10^{1.30} c_{NH_3} + 3 \times 10^{1.73} c_{NH_3}^2 +$$

$$4 \times 10^{1.34} c_{NH_3}^3) + c_{Zn^{2+}}(10^{2.37} + 2 \times 10^{4.81} c_{NH_3} + 3 \times 10^{7.31} c_{NH_3}^2 +$$

$$4 \times 10^{9.46} c_{NH_3}^3) + c_{Cu^{2+}}(10^{4.24} + 2 \times 10^{7.83} c_{NH_3} + 3 \times 10^{10.83} c_{NH_3}^2 +$$

$$4 \times 10^{13.00} c_{NH_3}^3 + 5 \times 10^{12.43} c_{NH_3}^4) + c_{Mg^{2+}}(10^{0.23} + 2 \times 10^{0.08} c_{NH_3} + 3 \times$$

$$10^{-0.34} c_{NH_3}^2 + 4 \times 10^{-1.04} c_{NH_3}^3 + 5 \times 10^{-1.99} c_{NH_3}^4 + 10^{-3.29} c_{NH_3}^5) +$$

$$c_{Fe^{2+}}(10^{1.40} + 2 \times 10^{2.20} c_{NH_3} + 3 \times 10^{3.68} c_{NH_3}^2 + 4 \times 10^{4.00} c_{NH_3}^3 +$$

$$5 \times 10^{3.90} c_{NH_3}^4)] \tag{4-41}$$

（3）$c_{CO_3,T}$ 的计算。由表 4-1 第 3、4 号式可知：

$$c_{H_2CO_3} = 10^{6.35-pH} c_{HCO_3^-}$$

$$c_{HCO_3^-} = 10^{10.30-pH} c_{CO_3^{2-}}$$

即有：

$$c_{H_2CO_3} = 10^{16.65-2pH} c_{CO_3^{2-}}$$

所以 $c_{CO_3,T}$ 与 $c_{CO_3^{2-}}$ 及 pH 值的关系式为：

$$c_{CO_3,T} = c_{CO_3^{2-}} + c_{HCO_3^-} + c_{H_2CO_3}$$

$$= c_{CO_3^{2-}} + 10^{10.30-pH} c_{CO_3^{2-}} + 10^{16.65-2pH} c_{CO_3^{2-}}$$

$$= c_{CO_3^{2-}}(1 + 10^{10.30-pH} + 10^{16.65-2pH}) \tag{4-42}$$

（4）溶液中各游离金属离子浓度 $c_{Me^{2+}}$。对于金属离子 Me^{2+}，其生成的

碳酸盐沉淀为 $MeCO_3(s)$，由于 $MeCO_3(s)$ 难溶于水，在水中饱和后存在以下平衡：

$$MeCO_3(s) \Longrightarrow Me^{2+} + CO_3^{2-}$$

根据化学平衡常数可知其溶度积：

$$K_{sp-1} = c_{Me^{2+}} c_{CO_3^{2-}}$$

可得：

$$c_{Me^{2+},1} = K_{sp-1}/c_{CO_3^{2-}}$$

同理，由 Me^{2+} 形成氢氧化物沉淀的反应 $Me^{2+} + 2OH^- \Longrightarrow Me(OH)_2(s)$ 可得：

$$c_{Me^{2+},2} = K_{sp-2}/c_{OH^-}^2 = K_{sp-2} \times 10^{28-2 \times pH}$$

则在溶液中：

$$c_{Me^{2+}} = \min\{c_{Me^{2+},1}, c_{Me^{2+},2}\} = \min\{K_{sp-1}/c_{CO_3^{2-}}, K_{sp-2} \times 10^{28-2 \times pH}\}$$

从而确定溶液中各金属离子浓度分别为：

$$c_{Ni^{2+}} = \min\{10^{-6.87}/c_{CO_3^{2-}}, 10^{12.74-2 \times pH}\} \tag{4-43}$$

$$c_{Co^{2+}} = \min\{10^{-9.98}/c_{CO_3^{2-}}, 10^{13.20-2 \times pH}\} \tag{4-44}$$

$$c_{Mn^{2+}} = \min\{10^{-9.30}/c_{CO_3^{2-}}, 10^{15.28-2 \times pH}\} \tag{4-45}$$

$$c_{Zn^{2+}} = \min\{10^{-10.00}/c_{CO_3^{2-}}, 10^{11.50-2 \times pH}\} \tag{4-46}$$

$$c_{Cu^{2+}} = \min\{10^{-9.63}/c_{CO_3^{2-}}, 10^{8.34-2 \times pH}\} \tag{4-47}$$

$$c_{Mg^{2+}} = \min\{10^{-7.46}/c_{CO_3^{2-}}, 10^{16.75-2 \times pH}\} \tag{4-48}$$

$$c_{Fe^{2+}} = \min\{10^{-10.68}/c_{CO_3^{2-}}, 10^{13.28-2 \times pH}\} \tag{4-49}$$

4.3.2 焙烧产物氨浸过程 $Me-NH_3-CO_3^{2-}-H_2O$ 体系 $\lg c_{Me,T}-pH$ 图

在 $Me-NH_3-CO_3^{2-}-H_2O$ 体系中，有 $c_{Ni,T}$、$c_{Ni^{2+}}$、$c_{Co,T}$、$c_{Co^{2+}}$、$c_{Mn,T}$、$c_{Mn^{2+}}$、$c_{Zn,T}$、$c_{Zn^{2+}}$、$c_{Cu,T}$、$c_{Cu^{2+}}$、$c_{Mg,T}$、$c_{Mg^{2+}}$、$c_{Fe,T}$、$c_{Fe^{2+}}$、$c_{NH_3,T}$、c_{NH_3}、$c_{CO_3,T}$、$c_{CO_3^{2-}}$ 和 pH 值共 19 个变量，式(4-34)~式(4-49)共计 16 个方程式。由于上述各离子

浓度均与 pH 值有关，当其中的 $c_{NH_3,T}$ 和 $c_{CO_3,T}$ 为给定值时，根据上述 16 个式子，可以分别解出方程 $c_{Ni,T}$、$c_{Co,T}$、$c_{Mn,T}$、$c_{Zn,T}$、$c_{Cu,T}$、$c_{Mg,T}$、$c_{Fe,T}$，从而分别得出以上各金属离子总浓度对数与 pH 值之间的关系。由于该体系热力学分析过程计算烦琐、相互迭代频繁，本书通过采用计算机编写相应程序实现热力学计算的自动化以及计算数据处理的简易化[208,209]。根据 Newton 迭代方法[210] 解出相应的关系式，考察不同给定 $c_{NH_3,T}$ 和 $c_{CO_3,T}$ 下各金属总浓度与 pH 值的关系，从而分别绘制出 Ni(Ⅱ)、Co(Ⅱ)、Mn(Ⅱ)、Zn(Ⅱ)、Cu(Ⅱ)、Mg(Ⅱ) 和 Fe(Ⅱ) 对应的 $lgc_{Me,T}$-pH 关系图。

图 4-3 所示为 $c_{CO_3,T}=0mol/L$ 时 Me-NH$_3$-CO$_3^{2-}$-H$_2$O 体系各金属的 $lgc_{Me,T}$-pH 关系图，即 Me-NH$_3$-H$_2$O 体系各金属的 $lgc_{Me,T}$-pH 关系图，同时也可以看做是 Me-NH$_3$-SO$_4^{2-}$-H$_2$O 体系各金属的 $lgc_{Me,T}$-pH 关系图（Ni^{2+}、Co^{2+}、Mn^{2+}、Zn^{2+}、Cu^{2+}、Mg^{2+}、Fe^{2+} 相应硫酸盐为极易溶物质，且 SO$_4^{2-}$ 的存在对金属配合物离子稳定性影响较小）。当 $c_{CO_3,T}=0mol/L$，$c_{NH_3,T}=0mol/L$ 时，即 Me-H$_2$O 体系各金属的 $lgc_{Me,T}$-pH 关系图。

从图 4-3 中可知，$c_{Ni,T}$、$c_{Co,T}$、$c_{Mn,T}$、$c_{Zn,T}$、$c_{Cu,T}$、$c_{Mg,T}$ 和 $c_{Fe,T}$ 与 pH 值的关系存在以下共同点：

（1）当 $c_{NH_3}=0mol/L$ 时，随着 pH 值的上升，$c_{Me,T}$ 呈现先减小、再增大的现象。减小的原因是金属离子水解形成氢氧化物沉淀，增大的原因是沉淀溶解形成金属离子氢氧根配合物（$c_{Me,T}$ 上升点在 pH > 14.0 之后）。

（2）在 $c_{NH_3} \geq 1mol/L$ 的条件下，$c_{Me,T}$ 与 pH 值呈现两条抛物线组合形状，即随着 pH 值的上升，$c_{Me,T}$ 不断增大（$c_{Me,T}$ 的增大是指相对 $c_{NH_3}=0mol/L$ 时增大，其绝对浓度是不断减小的），且在 pH = 9.5 左右达到一个最大值，然后下降达到一个最小值，然后再次增大。$c_{Me,T}$ 首次增大的原因是 NH$_3$ 与 Me^{2+} 配合物的形成使金属水解沉淀物逐渐溶解，减小的原因是 pH 值上升，高浓度 OH$^-$ 破坏了氨配合物的稳定性，使氨配合物逐渐分解。

（3）对于单一金属而言，$c_{Me,T}$ 随 $c_{NH_3,T}$ 变大迅速增大，$c_{NH_3,T}$ 越高，$c_{Me,T}$ 随 $c_{NH_3,T}$ 变化率越小。

由于各金属离子与 NH$_3$ 配合能力的大小不同，因此相同 $c_{NH_3,T}$ 对平衡溶液中各金属离子浓度的影响也不同。从图 4-3 中可以看出，NH$_3$ 的存在能显著提高溶液中 $c_{Ni,T}$、$c_{Co,T}$、$c_{Zn,T}$、$c_{Cu,T}$ 和 $c_{Fe,T}$，对于 $c_{Mn,T}$ 和 $c_{Mg,T}$ 影响则相对较小。以 pH = 9.5 时的 $c_{Ni,T}$ 和 $c_{Mn,T}$ 为例，当 $c_{NH_3,T}$ 从 0mol/L 增大到 2mol/L 时，$c_{Ni,T}$ 从 $10^{-5}mol/L$ 增大到 $10^{2.5}mol/L$，而 $c_{Mn,T}$ 从 $10^{-2.5}mol/L$ 仅增大到 $10^{-1.5}mol/L$。根据以上分析可知，针对以 Ni 和 Co 为主要目标的氨浸过程，提高 $c_{NH_3,T}$ 有利于增大溶液中的 $c_{Ni,T}$ 和 $c_{Co,T}$，且最佳 pH 值为 9.0 ~ 10.0。因此，氨浸过程一般采用氨-铵溶液浸出，一方面增加总氨浓度，另一方面通过调节氨/铵比例调节浸出溶液的 pH 值。

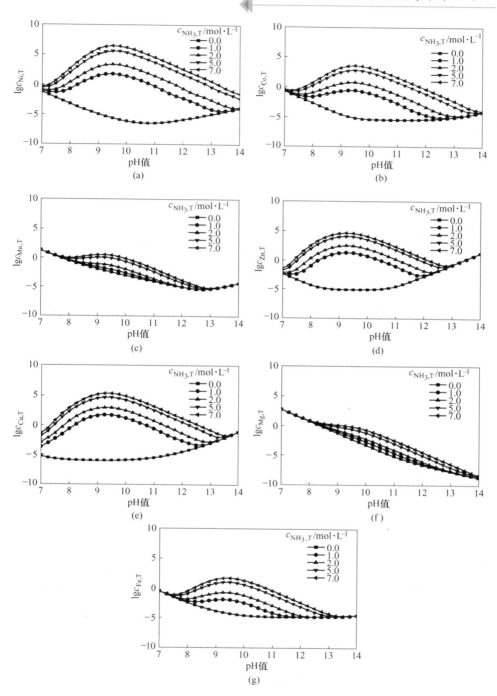

图 4-3　$c_{CO_3,T}=0$ 时 Me-NH$_3$-CO$_3^{2-}$-H$_2$O 体系 lg$c_{Me,T}$-pH 图

（a）Ni（Ⅱ）；（b）Co（Ⅱ）；（c）Mn（Ⅱ）；（d）Zn（Ⅱ）；（e）Cu（Ⅱ）；（f）Mg（Ⅱ）；（g）Fe（Ⅱ）

图 4-4 所示为 $c_{NH_3,T} = 2.0mol/L$ 时 $Me-NH_3-CO_3^{2-}-H_2O$ 体系各金属的 $\lg c_{Me,T}$-pH 关系图。从图中可知，$c_{CO_3,T}$ 对 $c_{Ni,T}$ 和 $c_{Cu,T}$ 的影响相对较小：当 pH 值在 7.0 ~ 9.5 范围内时，$c_{Ni,T}$ 和 $c_{Cu,T}$ 随 $c_{CO_3,T}$ 的变大先增大后减小；当 pH > 9.5 时，$c_{CO_3,T}$ 对 $c_{Ni,T}$ 和 $c_{Cu,T}$ 几乎没有影响。$c_{CO_3,T}$ 对 $c_{Co,T}$、$c_{Mn,T}$、$c_{Zn,T}$、$c_{Mg,T}$ 和 $c_{Fe,T}$ 的影响相对较大：当 pH 值在 7.0 ~ 12.0 范围内时，$c_{Co,T}$、$c_{Mn,T}$、$c_{Zn,T}$、$c_{Mg,T}$ 和 $c_{Fe,T}$ 随 $c_{CO_3,T}$ 的增大迅速减小，且在 $c_{CO_3,T} > 0.5mol/L$ 后影响趋于平稳；当 pH > 12.0 时，$c_{CO_3,T}$ 对 $c_{Co,T}$、$c_{Mn,T}$、$c_{Zn,T}$、$c_{Mg,T}$ 和 $c_{Fe,T}$ 基本没有影响。

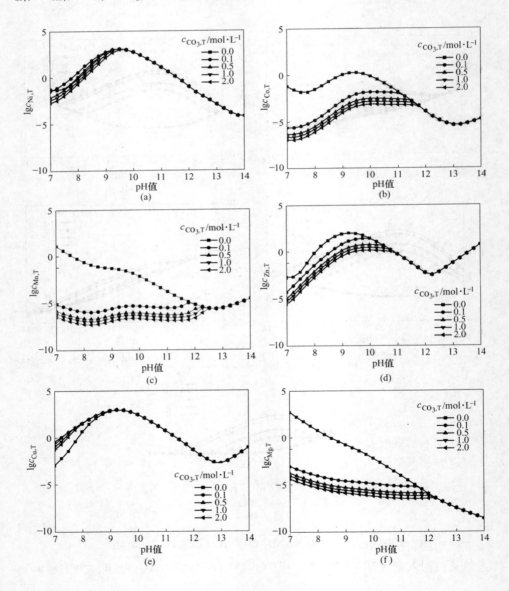

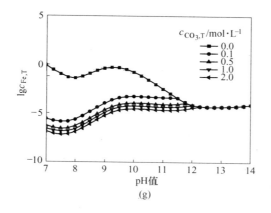

图 4-4　$c_{NH_3,T} = 2.0mol/L$ 时 Me-NH$_3$-CO$_3^{2-}$-H$_2$O 体系 lg$c_{Me,T}$-pH 图

（a）Ni（Ⅱ）；（b）Co（Ⅱ）；（c）Mn（Ⅱ）；（d）Zn（Ⅱ）；（e）Cu（Ⅱ）；（f）Mg（Ⅱ）；（g）Fe（Ⅱ）

4.4 硫酸熟化焙烧—水浸实验结果与讨论

根据以上热力学分析，实验考察了硫酸熟化焙烧—水浸过程中硫酸加入量、水加入量、焙烧温度、焙烧时间、原料粒度、硫酸钠加入量以及矿浆浓度对 Ni、Co、Fe、Mn、Al、Mg、Zn 和 Cr 浸出率的影响。

4.4.1 硫酸加入量的影响

通过计算，将 10g 镍红土矿中各金属氧化物全部转化为相应硫酸盐的理论酸耗为 17.6g，即硫酸加入量（质量分数）为 176%；不考虑铁氧化物耗酸，硫酸加入量（质量分数）需 50%；不考虑铁、铝、铬氧化物耗酸，硫酸加入量（质量分数）只需 11%。实验研究了硫酸加入量对各金属浸出率的影响，结果如图4-5 所示。其他条件：水加入量（质量分数）30%，焙烧温度 700℃，焙烧时间 30min，原料粒度小于 0.175mm（80 目），不加硫酸钠，矿浆浓度 50g/L。

从图 4-5 中可知，随着硫酸加入量的增加，Ni、Mn 和 Al 浸出率快速升高，当加入量（质量分数）大于 50% 后，浸出率缓慢增长；Co、Mg、Zn 和 Cr 浸出率随硫酸加入量缓慢升高，最大可分别达到 95%、80%、25% 和 7% 以上；Fe 浸出率随硫酸加入量逐步上升，当加入量（质量分数）大于 50% 后，浸出率快速增长；Zn 浸出率受硫酸加入量影响不大。浸出液的 pH 值也随着硫酸加入量的增加而下降：当硫酸加入量（质量分数）从 10% 增加到 90% 时，pH 值从 3.51 下降到 1.96。由于镍红土矿中铁含量非常高，因此有必要控制硫酸加入量，以降低焙烧过程能耗和铁浸出率，保证后续浸出液净化处理顺利进行。以上分析表明，适宜的硫酸加入量（质量分数）为 30% ~ 50%。由于高压浸出镍红土矿过程中

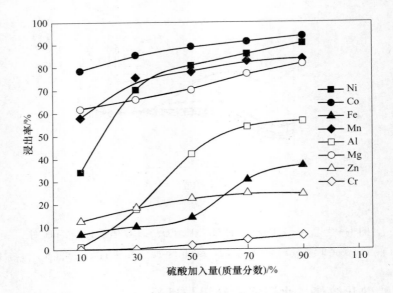

图 4-5   硫酸加入量对各金属浸出率的影响

硫酸加入量一般为吨矿 400kg[79,124]，因此为了便于工艺条件和效果比较，在后续实验中选择硫酸加入量（质量分数）为 40%。

4.4.2　水加入量的影响

在镍红土矿的硫酸熟化过程之前需加入一定量的水，主要原因有两个：一是使硫酸和矿料的混合均匀，二是硫酸与水反应会生成大量的热，有利于熟化过程，并防止局部矿料形成硬壳型难处理脱水硫酸盐。实验研究了水加入量（质量分数）为 10%、20%、30%、40% 和 50% 对实验过程和各金属元素浸出率的影响。实验结果表明，水加入量不影响各金属元素浸出率，但影响实验操作过程。如果水加入量过少，硫酸熟化过程不均匀，易形成坚硬的硫酸盐混合物；如果水加入量过多，硫酸熟化产物呈稀泥状，影响后续焙烧过程。同时，水加入量的确定与硫酸加入量有关，当硫酸加入量（质量分数）为 40%、水加入量（质量分数）为 20% 时不仅可以保证矿料与硫酸混合均匀，而且产物呈略微干燥的小颗粒状，适合焙烧过程。因此，后续实验中确定水加入量（质量分数）为 20%。

4.4.3　焙烧温度的影响

焙烧工序的主要目的是利用各金属硫酸盐分解温度的差别，将硫酸铁转化为 Fe_2O_3，而 Ni、Co 仍以硫酸盐形式存在，经浸出工序后实现镍、钴与主要杂质铁的分离。图 4-6 所示为 Ni、Co、Fe 等金属硫酸盐分解过程的 TGA 曲线。从图中可知，Fe、Cr 硫酸盐约在 600℃ 开始分解，Ni、Co、Al、Zn 硫酸盐约在 750℃ 开始分解，而硫酸锰在 800℃ 以上才开始分解，硫酸镁在 900℃ 之前都不会分解[211]。因此，要实现 Ni、Co 与 Fe 等杂质的分离，理论焙烧温度约在 600 ~ 750℃ 之间。

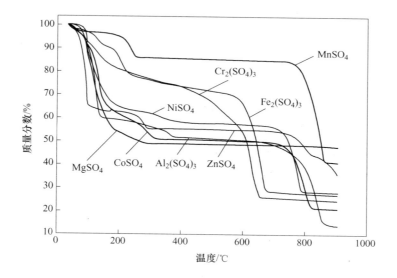

图4-6 各金属硫酸盐分解过程的 TGA 曲线

图4-7 所示为硫酸熟化产物的 DSC-TGA 曲线。从图中可知，随着温度的升高，DSC 曲线出现两个明显的放热峰，一个出现在 310℃ 左右，主要是针铁矿中

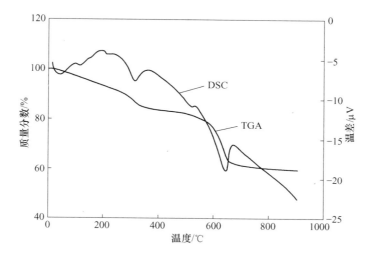

图4-7 硫酸熟化产物的 DSC-TGA 曲线

结晶水的脱除，另一个出现在 600~650℃ 之间，主要是硫酸铁的分解。TGA 曲线中对应温度下也存在两个明显的失重过程。

根据以上分析，实验研究了 110~800℃ 焙烧温度对各金属浸出率的影响，结果如图 4-8 所示。其他条件：水加入量（质量分数）20%，硫酸加入量（质量分数）40%，焙烧时间 30min，原料粒度小于 0.175mm（80 目），不加硫酸钠，矿浆浓度 50g/L。从图 4-8 中可知，随着焙烧温度的升高，Ni 浸出率持续上升，这是由于升高温度有利于硫酸熟化过程的进行。当焙烧温度高于 700℃ 后，Ni 浸出率急剧下降，这是因为硫酸镍在 700℃ 后开始分解。Co、Mn、Zn 浸出规律与 Ni 相似。Al 浸出率随温度升高而上升，在 400℃ 后趋于稳定，700℃ 后浸出率急剧下降。Fe 和 Cr 浸出率在温度低于 300℃ 时相差不大，高于 300℃ 后有下降趋势，600℃ 后则迅速降低，结果与图 4-7 分析结果相符。在低于 700℃ 时，焙烧温度对浸出液 pH 值影响不大，基本维持在 2.2~2.4 之间；当焙烧温度为 800℃ 时，浸出液 pH 值为 4.8。因此，实验确定适宜的焙烧温度为 700℃。

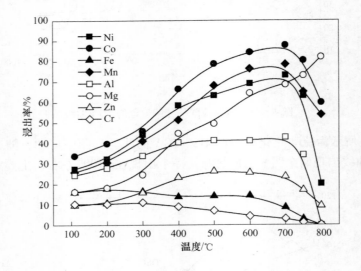

图 4-8 焙烧温度对各金属浸出率的影响

图 4-9 所示为各焙烧温度下产物的 XRD 图谱。从图中可知，110℃ 下的焙烧产物主要成分为 FeOOH，说明该温度下硫酸熟化过程受到阻碍，原矿中大部分针铁矿尚存；400℃ 时，针铁矿衍射峰消失，出现 Fe_2O_3 和 $FeOHSO_4$ 衍射峰；600℃ 时，$FeOHSO_4$ 衍射峰消失，出现 $Fe_2(SO_4)_3$ 的衍射峰；700℃ 时，Fe_2O_3 衍射峰变得更加尖锐，而 $Fe_2(SO_4)_3$ 衍射峰峰值相对降低；800℃ 时，$Fe_2(SO_4)_3$ 衍射峰消失，产物呈现完整而尖锐的 Fe_2O_3 衍射峰。焙烧过程中 Fe 的相关反应如下：

$$2FeOOH + 3H_2SO_4 = Fe_2(SO_4)_3 + 4H_2O \uparrow \tag{4-50}$$

$$2FeOOH = Fe_2O_3 + H_2O \uparrow \tag{4-51}$$

$$Fe_2O_3 + 3H_2SO_4 = Fe_2(SO_4)_3 + 3H_2O \uparrow \tag{4-52}$$

$$Fe_2(SO_4)_3 + H_2O = 2FeOHSO_4 + SO_3 \uparrow \tag{4-53}$$

$$2FeOHSO_4 = Fe_2O_3 + H_2O \uparrow + 2SO_3 \uparrow \tag{4-54}$$

$$Fe_2(SO_4)_3 = Fe_2O_3 + 3SO_3 \uparrow \tag{4-55}$$

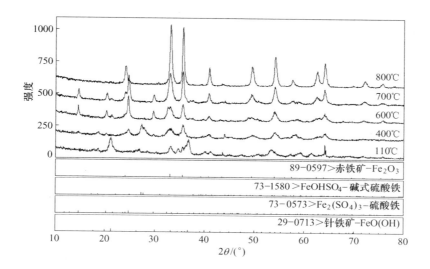

图 4-9　各焙烧温度下产物的 XRD 图谱

4.4.4　焙烧时间的影响

焙烧时间对各金属浸出率的影响如图 4-10 所示。其他条件：水加入量（质量分数）20%，硫酸加入量（质量分数）40%，焙烧温度 700℃，原料粒度小于 0.175mm(80 目)，不加硫酸钠，矿浆浓度 50g/L。

从图 4-10 中可知，随着焙烧时间的延长，Ni、Co、Mn、Mg、Zn 浸出率逐渐上升，30min 后呈小幅下降趋势，其中 Mn 和 Mg 浸出率在 45min 后维持不变。Fe、Al 和 Cr 浸出率随焙烧时间延长不断降低，60min 后 Fe 浸出率低于 4.0%，120min 后浸出率仅 0.1%，同时浸出液 pH 值从 2.2 升高到 3.5。虽然延长焙烧时间可以降低 Fe 浸出率，但 Ni、Co 浸出率也随之降低。因此，后续实验中确定适宜的焙烧时间为 60min。

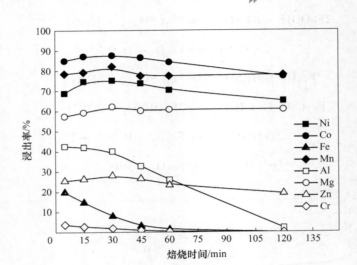

图 4-10　焙烧时间对各金属浸出率的影响

4.4.5　原料粒度的影响

实验讨论了原料粒度为 0.175 ~ 0.147mm(80 ~ 100 目)、0.147 ~ 0.096mm (100 ~ 160 目)、0.096 ~ 0.074mm(160 ~ 200 目) 和小于 0.074mm(200 目) 时对 Ni、Co 和 Fe 浸出率的影响,其结果见表4-8。其他条件:水加入量（质量分数） 20%,硫酸加入量（质量分数）40%,焙烧温度 700℃,焙烧时间 60min,不加 硫酸钠,矿浆浓度 50g/L。

表 4-8　原料粒度对金属浸出率的影响

粒度/mm	粒度/目	分布/%	原矿中元素含量(质量分数)/%			浸出率/%		
			Ni	Co	Fe	Ni	Co	Fe
0.175 ~ 0.147	80 ~ 100	32	1.07	0.17	46.38	74.0	85.2	4.8
0.147 ~ 0.096	100 ~ 160	22	1.17	0.21	48.59	74.6	87.5	3.7
0.096 ~ 0.074	160 ~ 200	26	1.15	0.19	48.45	75.2	89.8	3.6
<0.074	<200	20	1.12	0.16	49.50	76.0	88.6	3.4

从表4-8 中可知,原料粒度的变化对 Ni、Co 和 Fe 浸出率几乎没有影响,其 浸出率分别维持在 75%、88% 和 4% 左右。这是因为原料经硫酸熟化—焙烧后, 生成物颗粒粒径变小,且主要与焙烧温度和焙烧时间相关,与原料粒度无关。因 此,确定适宜的原料粒度为小于 0.175mm(80 目)。

4.4.6　硫酸钠加入量的影响

在硫化矿的硫酸化焙烧过程中，为了提高 Ni、Co 酸化率，常在炉料中加入少量（5%（质量分数））硫酸钠，可以明显提高其酸化率[212]；在镍红土矿高压酸浸过程中，加入约 1%（质量分数）硫酸钠可以将 Ni 浸出率从 93% 提高到 96%[213]；在镍红土矿硫酸化过程中，钠盐、钾盐、钙盐和镁盐都可以不同程度地提高硫酸化比例[105]。实验研究了 2%～10% 硫酸钠加入量（质量分数）对各金属浸出率的影响，结果如图 4-11 所示。其他条件：水加入量（质量分数）20%，硫酸加入量（质量分数）40%，焙烧温度 700℃，焙烧时间 60min，原料粒度小于 0.175mm（80 目），矿浆浓度 50g/L。

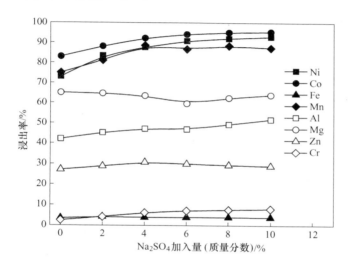

图 4-11　硫酸钠加入量对各金属浸出率的影响

从图 4-11 可知，随着硫酸钠加入量的增加，Ni、Co、Mn 浸出率出现了明显的提高，但在加入量（质量分数）大于 4% 后对浸出率影响不大。当硫酸钠加入量（质量分数）从 0 增加到 4% 时，Ni 浸出率从 73.5% 提高到 87.7%，Co 浸出率从 83.8% 提高到 92.2%；Al 和 Cr 浸出率随硫酸加入量的增加呈线性升高；硫酸钠加入量对 Fe、Zn、Mg 浸出率影响不大。硫酸钠加入量的增加使浸出液的 pH 值在 2.0～2.2 之间呈小幅上升趋势，这主要是因为硫酸钠的加入提高了矿料的硫酸化程度，浸出液中的残余酸浓度相对降低。因此，确定适宜的硫酸钠加入量（质量分数）为 4%。

图 4-12 所示为原矿及焙烧产物的 SEM 照片。从图中可以看出，经过硫酸熟化焙烧后，焙烧产物的粒度明显小于原矿的颗粒粒度。相比无硫酸钠添加的焙烧

产物，添加硫酸钠的焙烧产物颗粒更细，且颗粒之间存在明显的孔隙结构。这种小颗粒及孔隙结构有利于硫酸熟化过程和浸出过程。对于添加硫酸钠能提高镍、钴硫酸化程度的原因，主要有以下两种解释：一种是认为在硫酸化过程中，在金属氧化物表层上生成的金属硫酸盐是一种致密膜，阻碍了 H_2SO_4 的渗透，当加入硫酸钠时，由于硫酸钠的烧结作用使其收缩破裂，为金属氧化物的硫酸化过程创造了条件，从而达到提高硫酸化程度的目的[212]；另一种是认为硫酸钠与硫酸铁分解的 SO_3 反应生成焦硫酸钠 $Na_2S_2O_7$，其为一种低熔点化合物，能够浸润金属氧化物表面生成的硫酸盐，使其呈多孔状，有利于氧化物的进一步硫酸化过程[105]。

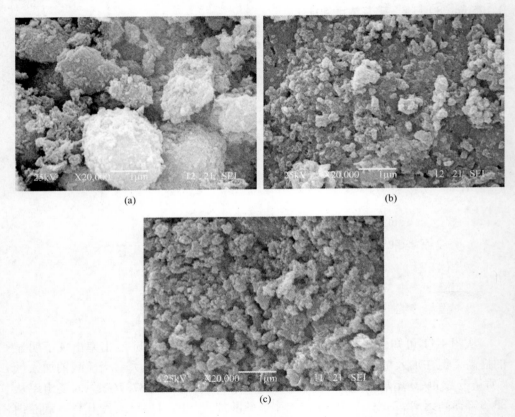

图 4-12 原矿及焙烧产物的 SEM 照片

（a）原矿；（b）不添加硫酸钠的焙烧产物；（c）添加 4%（质量分数）硫酸钠的焙烧产物

4.4.7 矿浆浓度的影响

实验考察了矿浆浓度对各金属浸出率的影响，结果如图 4-13 所示。其他条件：水加入量（质量分数）20%，硫酸加入量（质量分数）40%，焙烧温度700℃，焙烧时间60min，原料粒度小于0.175mm（80目），硫酸钠加入量（质量分数）4%。

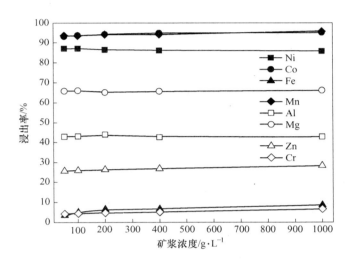

图4-13　矿浆浓度对各金属浸出率的影响

由图4-13可知，随着水浸液固比的增大，Ni浸出率起初不变，然后略有下降；Co、Mn、Zn、Fe和Cr浸出率呈持续上升趋势，其中Fe和Cr上升幅度较大，Al和Mg浸出率基本维持不变。随着矿浆浓度增大，浸出液pH值从2.2降低到1.9。Co、Mn、Fe、Zn和Cr浸出率升高的主要原因是矿浆浓度的增大使浸出液单位体积内的残余酸浓度上升；Ni浸出率下降的主要原因可能是矿浆浓度的增大使浸出液中Ni^{2+}浓度不断上升，硫酸镍溶解比例下降。硫酸熟化焙烧产物的水浸过程与传统的介质浸出（如硫酸常压浸出）过程不同，其实质是简单的硫酸盐溶解过程，矿浆浓度的增加不会造成单位反应物所获浸出介质的减少，因此Ni、Co等金属的浸出率也不会有太大变化。

表4-9为矿浆浓度为1kg/L时浸出液中金属离子浓度。从表中可知，当矿浆浓度为1kg/L时，浸出液中Ni^{2+}浓度能达到9.02g/L左右，Co^{2+}浓度也有1.45g/L，这更有利于浸出液中有价金属的分离和富集。但是，该浸出液中Fe^{3+}浓度超过40g/L，这对于浸出液后续除杂净化过程仍是较大的负担。

表4-9　矿浆浓度为1kg/L时浸出液中各金属离子浓度

离子种类	Ni^{2+}	Co^{2+}	Fe^{3+}	Mn^{2+}	Al^{3+}	Mg^{2+}	Zn^{2+}	Cr^{3+}
浓度/g·L^{-1}	9.02	1.45	42.30	10.35	10.88	1.24	0.32	0.81

针对以上问题，最佳的解决方法是延长硫酸熟化产物的焙烧时间。由图4-10

的分析结果表明，延长焙烧时间，虽然 Ni、Co 浸出率会略有下降，但对于降低 Fe 浸出率具有非常明显的效果。因此，实验确定矿浆浓度为 1kg/L，同时将焙烧时间延长至 120min。

4.4.8 综合实验

综合以上分析，确定镍红土矿硫酸熟化焙烧—水浸的适宜条件为：水加入量（质量分数）20%，硫酸加入量（质量分数）40%，焙烧温度 700℃，焙烧时间 120min，原料粒度小于 0.175mm(80 目)，硫酸钠加入量（质量分数）4%，矿浆浓度 1kg/L。在此条件下开展综合实验，其结果见表 4-10 和图 4-14。

表 4-10 综合实验条件下各金属浸出率及浸出液中离子浓度

离子种类	Ni^{2+}	Co^{2+}	Fe^{3+}	Mn^{2+}	Al^{3+}	Mg^{2+}	Zn^{2+}	Cr^{3+}	Na^+
浸出率/%	83.3	92.8	0.8	94.3	5.4	72.4	26.5	0.6	—
浓度/g·L^{-1}	8.75	1.44	3.75	10.26	1.37	1.27	0.31	0.07	16.65

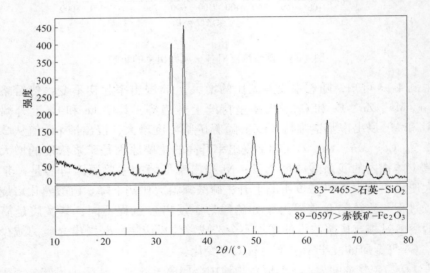

图 4-14 综合实验条件下水浸渣 XRD 图谱

从表 4-10 中可知，在综合实验条件下，Ni、Co、Fe 浸出率分别为 83.3%、92.8% 和 0.8%，在浸出液中的浓度分别达到 8.75g/L、1.44g/L 和 3.75g/L。对比表 4-9 和表 4-10 可知，延长焙烧时间后，虽然 Ni 浸出率下降了 3.0%，Co 浸出率下降了 0.7%，但是溶液中的 Fe^{3+} 含量从 42.30g/L 下降到了 3.75g/L，Al^{3+} 从 10.88g/L 下降到了 1.37g/L，同时溶液 pH 值从 1.9 上升到 2.9。溶液中 Mn^{2+} 浓度较高，在后续溶液净化过程中需设置专门的 Ni、Co 与 Mn 分离工序。Al 和 Cr 浸出率较低，Mg 和 Zn 浸出率分别在 70% 和 30% 左右。同时，由于熟化焙烧过程加入了硫酸钠，浸出液中 Na^+ 浓度达到 16.65g/L。

图 4-14 表明，浸出渣中的主要物相为 Fe_2O_3，其纯度较高，同时还含有少量的 SiO_2。这是由于在焙烧过程中大部分的硫酸铁都转化成 Fe_2O_3，而在浸出过程中几乎所有的 Ni、Co、Mn、Mg 硫酸盐都进入溶液中，造成浸出渣中 Fe_2O_3 含量相对升高。通过化学分析表明，该浸出渣中铁含量为 62.33%，硫含量为 0.24%，达到了 H62 级赤铁精矿的品位和化学成分要求，可作为铁冶炼精矿处理。

4.5 焙烧产物氨浸实验结果与讨论

菲律宾 TB 矿中的锰含量在 1% 左右，在硫酸熟化焙烧—水浸过程中，95% 左右的锰进入浸出液中，含量超过 10g/L，这使 Ni、Co 与 Mn 的分离成为后续浸出液净化的主要工序之一。目前，Ni、Co 与 Mn 的分离方法有氢氧化物沉淀法[214]、氧化沉淀法[196]、硫化沉淀法[215]、溶剂萃取法[216]、氨配合法[217]等。其中，氨配合法具有设备及操作简单、反应速度快、分离效果好等优点。因此，实验考虑采用氨溶液浸出硫酸熟化焙烧产物，使 Mn 以沉淀形式进入浸出渣中，即在浸出过程中实现 Ni、Co 与 Mn 的分离。实验考察了氨浓度、铵盐种类和浓度、矿浆浓度、氨浸温度和氨浸时间对 Ni、Co、Mn、Zn 和 Fe 浸出率的影响。

在氨浸过程中，Fe^{3+} 与氨几乎不发生配合作用，焙烧产物中的硫酸铁以 $Fe(OH)_3$ 形式进入浸出渣中。因此，在硫酸熟化焙烧—氨浸过程中无需延长焙烧时间以降低铁的溶出。通过对图 4-10 的分析表明，Ni、Co 浸出率在焙烧时间为 30min 时达到最大，因此确定硫酸熟化焙烧过程条件为：水加入量（质量分数）20%，硫酸加入量（质量分数）40%，焙烧温度 700℃，焙烧时间 30min，原料粒度小于 0.175mm(80 目)，硫酸钠加入量（质量分数）4%。作为数据对比，测定此焙烧条件下水浸过程的 Ni、Co、Mn、Zn、Fe 浸出率分别为 88.5%、94.3%、92.1%、28.1% 和 8.0%。

4.5.1 氨浓度的影响

对氨浸过程的热力学分析表明（见 4.3 节），在不存在 CO_3^{2-} 的情况下，增加氨浓度有利于溶液中金属离子浓度的增加。实验考察了氨浓度对各金属浸出率的影响，如图 4-15 所示。其他条件：不添加铵盐，矿浆浓度 50g/L，氨浸温度 25℃，氨浸时间 30min。

图 4-15 表明，随着氨浓度的增加，Ni、Co、Zn 浸出率不断升高，在 5mol/L 左右达到最大值（此时溶液 pH 值为 11.05），继续增加氨浓度，Ni、Co 浸出率缓慢下降，Zn 浸出率维持不变；在氨浓度小于 5mol/L 时 Mn 浸出率趋近于零，当氨浓度大于 5mol/L 时，Mn 浸出率显著升高；溶液中基本检测不到铁的存在。

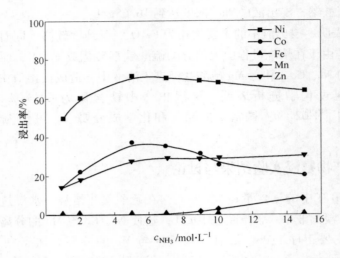

图 4-15　氨浓度对各金属浸出率的影响

当氨浓度为 5mol/L 时，Ni 浸出率为 72.0%，低于对比水浸过程浸出率 88.5%，而 Co 浸出率仅 38.0%，远低于对比浸出率 94.3%。

由于没有加入铵盐对浸出液进行缓冲，氨浓度的增大对金属离子浓度造成了两方面的影响：一方面，氨浓度的增大促进了金属离子的氨配合过程，使溶液中离子浓度增大；另一方面，氨浓度的增大使溶液 pH 值升高，氨配合物逐渐分解，使溶液中离子浓度减小。当前者影响大于后者时，金属离子浓度呈上升趋势；相反，当前者影响小于后者时，金属离子浓度呈下降趋势。这是造成 Ni、Co 浸出率下降的一个方面。另一方面，在氨浓度高于 5mol/L 时，浸出所得离心溶液在 10min 内会出现絮状沉淀，且氨浓度越高，析出沉淀越多。经干燥后分析，该沉淀为弱晶体物质，其中 Fe 含量为 66.1%，为 Fe_2O_3 和 $Fe(OH)_3$ 的混合物。沉淀析出过程中有可能吸附氨配合物离子，造成 Ni、Co 浸出率的下降。因此，实验确定氨浓度范围小于 5mol/L。

4.5.2　铵盐种类和浓度的影响

由于焙烧产物中可溶物质主要是 Ni、Co、Mn 等金属的硫酸盐及少量残余酸，在氨浸过程中会生成相应的金属离子氨配合物和硫酸铵。因此，在铵盐种类的选择中，硫酸铵成为首选。实验研究了硫酸铵浓度对各金属浸出率的影响，结果如图 4-16 和图 4-17 所示。其他条件：氨浓度为 2mol/L 或 5mol/L，矿浆浓度 50g/L，氨浸温度 25℃，氨浸时间 30min。

图 4-16 所示为氨浓度为 2mol/L 时硫酸铵浓度对各金属浸出率的影响。从图 4-16 中可知，随着硫酸铵浓度的增大，Ni、Co 浸出率迅速上升，当硫酸铵浓度

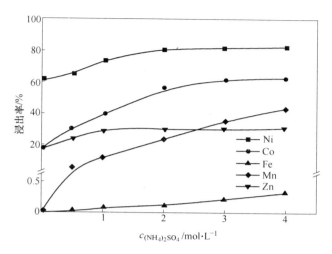

图 4-16 氨浓度为 2mol/L 时硫酸铵浓度对各金属浸出率的影响

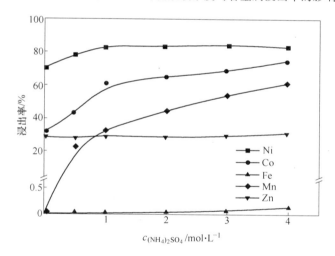

图 4-17 氨浓度为 5mol/L 时硫酸铵浓度对各金属浸出率的影响

达到 2mol/L 时，Ni 浸出率达到最大值约 82%，继续增加硫酸铵浓度对 Ni 浸出率没有影响，而 Co 浸出率呈略微上升趋势；Fe 浸出率随硫酸铵浓度增大而持续升高，最大浸出率为 0.3%；Mn 浸出率随硫酸铵浓度的增加而升高，其行为趋势与 Co 相同；Zn 浸出率随硫酸铵浓度增大而升高，并在 1mol/L 时达到最大值，然后趋于平衡。图 4-17 所示为氨浓度为 5mol/L 时硫酸铵浓度对各金属浸出率的影响。对比图 4-16 和图 4-17 可知，在不同氨浓度下，硫酸铵浓度对各金属浸出率的影响效果类似。不同的是：当氨浓度从 2mol/L 提高到 5mol/L 时，达到最大

Ni 浸出率所需硫酸铵浓度从 2mol/L 减小至 1mol/L，而 Zn 浸出率在不加硫酸铵的时候已经达到最大；在相同硫酸铵浓度条件下，氨浓度越大，Co、Mn 浸出率越高，Fe 浸出率越低。

以上分析表明：在焙烧产物氨浸过程中，纯氨水浸出过程可以较大程度地降低 Mn 浸出率，但是 Ni、Co 浸出率相对较低；一定量硫酸铵的存在可以显著提高 Ni、Co 浸出率，但是 Mn 浸出率却急剧上升，达到 20% ~ 30%。因此，实验考虑采用氨-碳酸铵溶液浸出焙烧产物，以期达到较好的 Ni、Co 与 Mn 的分离效果。实验研究了碳酸铵浓度对各金属浸出率的影响，其结果如图 4-18 和图 4-19 所示。

图 4-18 所示为氨浓度为 2mol/L 时碳酸铵浓度对各金属浸出率的影响。对比图 4-16 和图 4-18 可知，在相同氨浓度下，两种铵盐对各金属浸出率的影响类似。不同点是：当浸出液为氨-碳酸铵溶液时，Ni 浸出率在 1mol/L 即可达到最大值，约 82%，且在该浓度下 Mn 浸出率仅为 7.0%，同时 Fe 浸出率更低。图 4-19 所示为氨浓度为 5mol/L 时碳酸铵浓度对各金属浸出率的影响。对比图 4-18 和图 4-19 可知，增大氨浓度对 Ni 浸出率影响不大，在碳酸铵为 1mol/L 时 Ni 浸出率达到最大值，但 Mn 浸出率从 7.0% 升高至 17.0%。

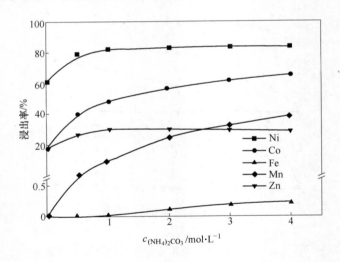

图 4-18 氨浓度为 2mol/L 时碳酸铵浓度对各金属浸出率的影响

综合以上分析结果表明：（1）采用氨-硫酸铵溶液浸出时，提高氨浓度可以减少铵盐的加入量，但会造成 Mn 浸出率升高；（2）采用氨-碳酸铵溶液浸出时，提高氨浓度对铵盐加入量及 Ni 浸出率没有影响，还会造成 Mn 浸出率升高；（3）在相同氨浓度和铵盐浓度下，CO_3^{2-} 的存在更有利于降低 Mn 浸出率。因此，在低矿浆浓度的条件下（如 50g/L），氨浓度为 2mol/L、碳酸铵浓度为 1mol/L 是最适宜的浸出条件。然而实验表明，在高矿浆浓度条件下（如 500g/L），氨浓度

图 4-19　氨浓度为 5mol/L 时碳酸铵浓度对各金属浸出率的影响

为 2mol/L 时的氨量还不足以中和焙烧产物中的残余酸，浸出液呈弱碱性，pH 值在 7.5～8.5 之间，Ni、Co 浸出率不到 20%。因此，实验确定氨浓度为 5mol/L，碳酸铵加入量为 1mol/L。

4.5.3　矿浆浓度的影响

实验考察了矿浆浓度对各金属浸出率的影响，结果如图 4-20 所示。其他条件：氨浓度为 5mol/L，碳酸铵浓度为 1mol/L，氨浸温度 25℃，氨浸时间 30min。

图 4-20 表明，随着矿浆浓度的增大，Ni、Co 浸出率呈小幅下降趋势；Mn、

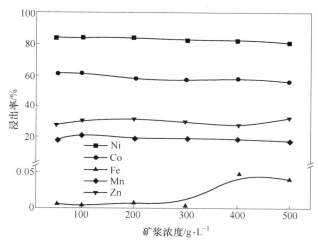

图 4-20　矿浆浓度对各金属浸出率的影响

Zn 浸出率基本不变；Fe 浸出率在矿浆浓度小于 300g/L 时基本不变，约为 0.007%，大于 300g/L 后出现较大程度升高，达到 0.05%。因此，确定矿浆浓度为 300g/L。

4.5.4　氨浸温度的影响

实验考察了氨浸温度对各金属浸出率的影响，结果如图 4-21 所示。其他条件：氨浓度为 5mol/L，碳酸铵浓度为 1mol/L，矿浆浓度为 300g/L，氨浸时间 30min。从图 4-21 可知，氨浸温度对 Ni、Mn、Zn、Fe 浸出率基本没有影响，只有 Co 浸出率在氨浸温度大于 50℃后略有降低。因此，确定氨浸操作过程在常温下进行。

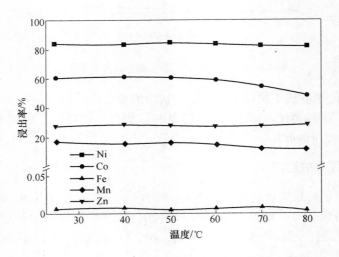

图 4-21　氨浸温度对各金属浸出率的影响

4.5.5　氨浸时间的影响

实验考察了氨浸时间对各金属浸出率的影响，结果如图 4-22 所示。其他条件：氨浓度为 5mol/L，碳酸铵浓度为 1mol/L，矿浆浓度 300g/L，氨浸温度 25℃。

由图 4-22 可知，氨浸过程非常迅速，在 10min 内即达到最大浸出率，延长浸出时间，各金属浸出率不变。因此，确定氨浸时间为 10min。

4.5.6　综合实验

综合以上分析，确定镍红土矿硫酸熟化焙烧—氨浸的适宜条件为：水加入量（质量分数）20%，硫酸加入量（质量分数）40%，焙烧温度 700℃，焙烧时间

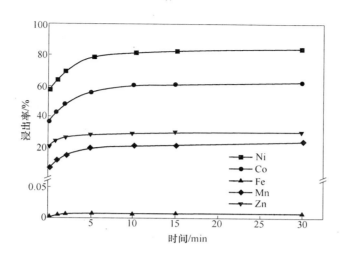

图 4-22　氨浸时间对各金属浸出率的影响

30min，原料粒度小于 0.175mm(80 目)，硫酸钠加入量（质量分数）4%，氨浓度为 5mol/L，碳酸铵浓度为 1mol/L，矿浆浓度 300g/L，氨浸温度 25℃，氨浸时间为 10min。在此条件下开展综合实验，其结果见表 4-11 和图 4-23。

表 4-11　综合实验条件下各金属浸出率及浸出液中离子浓度

离子种类	Ni^{2+}	Co^{2+}	Fe^{3+}	Mn^{2+}	Zn^{2+}	Na^+
浸出率/%	82.5	61.0	0.007	22.1	28.7	—
浓度/g·L^{-1}	2.60	0.29	0.01	0.72	0.10	5.03

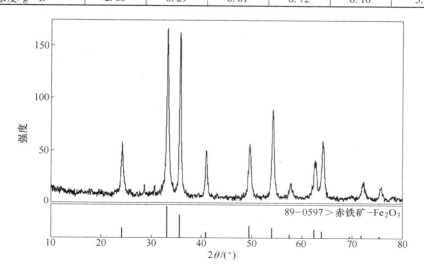

图 4-23　综合实验条件下氨浸渣 XRD 图谱

从表 4-11 中可知，镍红土矿硫酸熟化焙烧—氨浸过程 Ni、Co 浸出率分别为 82.5% 和 61.0%，几乎全部的 Fe 和大部分的 Mn 进入渣中，溶液中 Fe^{3+} 浓度低于 10mg/L，Mn^{2+} 仅 0.72g/L。浸出液 pH 值为 10.30。

对比表 4-11 中数据与水浸过程综合实验数据（见表 4-10），可以看出：氨浸过程较大程度地降低 Mn 浸出率和 Fe 浸出率，但是 Co 浸出率有较大程度降低。这主要有两个原因：一是氨浸溶液终点 pH 值较高，降低了 Mn 浸出率，但同时也限制了钴氨配合物稳定存在的区域；二是经过氨铵溶液浸出，大部分的 Mn 以沉淀形式进入渣中，吸附了一部分 Co^{2+} 及其氨配合物，进一步降低了其浸出率。

图 4-23 所示为综合实验条件下氨浸渣的 XRD 图谱。从图中可以看出，渣中主要物相为 Fe_2O_3。与图 4-14 中的水浸渣 XRD 图谱比较可以发现，氨浸渣中 Fe_2O_3 衍射峰峰值相对较低。主要是因为在氨浸过程中大部分的 Mn、Mg 杂质进入渣中，使 Fe_2O_3 含量相对降低（该氨浸渣中铁含量为 56.20%）。

4.6 硫酸化焙烧过程优化实验设计

在硫酸熟化焙烧过程中，硫酸加入量、焙烧温度和焙烧时间是影响 Ni、Co、Fe 浸出率最重要的三个因素。本节在单因素研究的基础上，采用响应曲面法对硫酸熟化焙烧过程进行优化实验设计，考察硫酸加入量、焙烧温度和焙烧时间三个因素对 Ni、Fe 浸出率的综合影响（由于硫酸熟化焙烧条件对 Ni 和 Co 的影响非常相似，且水浸过程 Co 浸出率在 90% 以上，相对 Ni 而言其受过程因素影响较小，故本书只对 Ni 和 Fe 的硫酸熟化焙烧过程进行优化研究），确定优化条件或区域，为过程优化或扩大实验提供实验方案。

4.6.1 实验设计及数据处理

以 Ni 和 Fe 浸出率为响应值（Y_{Ni} 和 Y_{Fe}），采用 CCD 响应曲面设计法对影响镍红土矿硫酸熟化焙烧过程的三个因素——硫酸加入量、焙烧温度和焙烧时间——进行实验设计和分析。实验因素水平见表 4-12。其他条件为：每次实验用矿 10g，硫酸熟化焙烧过程不添加硫酸钠，浸出方式为直接水浸，浸出体积 100mL，矿浆浓度 50g/L，浸出在常温下进行，浸出时间 10min。根据实验设计进行了 20 个不同焙烧条件下的硫酸熟化焙烧—水浸实验，获得其 Ni、Fe 实际浸出率列于表 4-13。对表 4-13 中实验数据采用 Minitab 统计软件分析，分别得到以 Ni、Fe 浸出率为目标函数的二阶回归方程，如式（4-56）所示：

$$Y_{Ni} = -646.2382 - 5.2926X_1 + 2.1636X_2 + 6.0007X_3 - 0.0056X_1^2 -$$

$$0.0016X_2^2 - 0.0078X_3^2 + 0.0079X_1X_2 + 0.0311X_1X_3 -$$

$$0.0099X_2X_3 \tag{4-56}$$

$$Y_{Fe} = 157.4133 + 1.8096X_1 - 0.4641X_2 - 0.1349X_3 + 0.0072X_1^2 +$$

$$0.0003X_2^2 + 0.0054X_3^2 - 0.0026X_1X_2 - 0.0076X_1X_3 -$$

$$0.0001X_2X_3 \tag{4-57}$$

式中，X_1、X_2、X_3 采用实际数值（uncoded）表示。

表 4-12　硫酸熟化焙烧过程 CCD 因素水平表

考察因素	符号	水　平				
		$\alpha = -1.682$	-1	0	$+1$	$\alpha = +1.682$
硫酸加入量（质量分数）/%	X_1	23.2	30	40	50	56.8
焙烧温度/℃	X_2	615.9	650	700	750	784.1
焙烧时间/min	X_3	4.8	15	30	45	55.2

将 20 个实验中对应的反应条件数值分别代入式（4-56）和式（4-57），即可获得相应条件下的 Ni、Fe 预测浸出率，见表 4-13。

表 4-13　硫酸熟化焙烧过程 CCD 实验方案及结果

实验编号	X_1	X_2	X_3	实验浸出率/%		预测浸出率/%	
				Ni	Fe	Ni	Fe
1	30	650	15	65.1	8.27	67.8	7.88
2	50	650	15	73.1	18.1	65.0	19.6
3	30	750	15	69.1	0.89	64.9	2.29
4	50	750	15	77.1	8.65	78.0	8.81
5	30	650	45	70.0	4.54	68.9	4.75
6	50	650	45	80.7	13.0	84.7	11.9
7	30	750	45	28.5	0.00	36.3	-1.13
8	50	750	45	70.9	0.08	68.0	0.85
9	23.2	700	30	62.5	0.21	59.3	0.34
10	56.8	700	30	80.2	12.5	83.7	11.8
11	40	615.9	30	68.4	13.5	69.8	13.5
12	40	784.1	30	54.4	0.06	53.3	-0.47
13	40	700	4.8	66.9	13.6	71.9	12.2
14	40	700	55.2	69.0	1.96	64.3	2.84

续表 4-13

实验编号	X_1	X_2	X_3	实验浸出率/%		预测浸出率/%	
				Ni	Fe	Ni	Fe
15	40	700	30	72.6	4.18	73.1	4.07
16	40	700	30	72.8	3.77	73.1	4.07
17	40	700	30	72.3	3.58	73.1	4.07
18	40	700	30	73.8	4.14	73.1	4.07
19	40	700	30	73.0	4.42	73.1	4.07
20	40	700	30	74.1	4.21	73.1	4.07

表 4-14 列出了硫酸熟化焙烧过程 CCD 二阶方程系数 β_n 及 P 值。在实验中，设定 $P \leqslant 0.05$ 时对应的检验统计量或数据达到显著性水平。从表 4-14 中可知，在 Y_{Ni} 对应的二阶方程中，β_0、β_1、β_2、β_{22}、β_{12}、β_{13} 和 β_{23} 是显著的；Y_{Fe} 对应的二阶方程中，β_0、β_1、β_2、β_3、β_{11}、β_{22}、β_{33}、β_{12} 和 β_{13} 是显著的。同时，Y_{Ni} 和 Y_{Fe} 对应的二阶模型相关系数 R^2 分别为 89.4% 和 98.0%，表明 89.4% 的 Ni 浸出率实验数据和 98.0% 的 Fe 浸出率实验数据可以用对应方程来解释。

表 4-14　硫酸熟化焙烧过程 CCD 二阶方程系数及 P 值

项　目	Y_{Ni}			Y_{Fe}		
	系数值	系数标准偏差	P	系数值	系数标准偏差	P
β_0	73.0871	2.044	0.000	4.06757	0.4361	0.000
β_1	7.2366	1.356	0.000	3.42055	0.2893	0.000
β_2	-4.9034	1.356	0.005	-4.16430	0.2893	0.000
β_3	-2.2434	1.356	0.129	-2.77094	0.2893	0.000
β_{11}	-0.5590	1.320	0.681	0.71655	0.2816	0.029
β_{22}	-4.0733	1.320	0.012	0.87057	0.2816	0.011
β_{33}	-1.763	1.320	0.211	1.21335	0.2816	0.002
β_{12}	3.9508	1.772	0.050	-1.29576	0.3780	0.006
β_{13}	4.6614	1.772	0.025	-1.13349	0.3780	0.013
β_{23}	-7.4177	1.772	0.002	-0.07618	0.3780	0.844

表 4-15 列出了硫酸熟化焙烧过程 CCD 方差分析结果。从表中可以看出，对于响应 Y_{Ni}，其回归模型中的线性关系系数和相互关系系数达到了显著性水平，而平方关系系数是不显著的；对于响应 Y_{Fe}，其回归模型中的线性、平方和相互关系系数都达到了显著性水平。

表 4-15 硫酸熟化焙烧过程 CCD 方差分析

响应	方差来源	自由度	平方和	均方	P 值
Y_{Ni}	回归	9	2117.14	235.238	0.001
	线性关系	3	1112.27	370.758	0.001
	平方关系	3	265.99	88.663	0.056
	相互关系	3	738.88	246.292	0.003
	残余偏差	10	251.07	25.107	
	缺失度	5	248.65	49.730	0.000
	净偏差	5	2.42	0.484	—
	总和	19	2368.21	—	—
Y_{Fe}	回归	9	558.734	62.082	0.000
	线性关系	3	501.476	167.159	0.000
	平方关系	3	33.502	11.167	0.003
	相互关系	3	23.757	7.919	0.008
	残余偏差	10	11.432	1.143	—
	缺失度	5	10.946	2.189	0.002
	净偏差	5	0.486	0.097	—
	总和	19	570.166	—	—

综合表 4-14 和表 4-15 分析结果，将两个二阶回归模型中没有达到显著性水平的系数去除，并重新拟合实验数据，获得新二阶方程如下：

$$Y_{Ni} = -590.861 - 5.740X_1 + 2.046X_2 + 5.531X_3 - 0.002X_2^2 +$$

$$0.008X_1X_2 + 0.031X_1X_3 - 0.010X_2X_3 \tag{4-58}$$

$$Y_{Fe} = 159.5462 + 1.8096X_1 - 0.4671X_2 - 0.2060X_3 + 0.0072X_1^2 +$$

$$0.0003X_2^2 + 0.0054X_3^2 - 0.0026X_1X_2 - 0.0076X_1X_3 \tag{4-59}$$

根据式（4-58）和式（4-59），利用 Minitab 软件分别绘制 X_1、X_2、X_3 中每两个因素交互作用下的响应曲面图及其等值线图。结果如图 4-24 ~ 图 4-29 所示。

4.6.2 硫酸加入量与焙烧温度的交互影响

图 4-24 所示为硫酸加入量与焙烧温度交互影响下 Y_{Ni} 的响应曲面图及其等值线图，焙烧时间固定在 30min。图 4-24 表明，Ni 浸出率随着硫酸加入量的增加呈线性上升，且温度越高，硫酸加入量的影响越大；随着温度的升高，Ni 浸出率先升高再降低，且硫酸加入量越少，Ni 浸出率降低得越快。

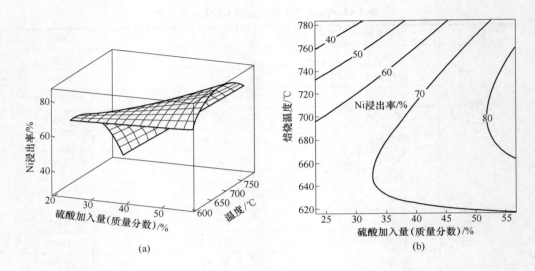

(a)

(b)

图 4-24　硫酸加入量与焙烧温度对 Ni 浸出率的交互影响

（a）响应曲面图；（b）等值线图

图 4-25 所示为硫酸加入量与焙烧温度交互影响下 Y_{Fe} 的响应曲面图及其等值线图，焙烧时间固定在 30min。从图 4-25 中可以发现，Fe 浸出率随硫酸加入量的增加而上升，随焙烧温度的升高而降低。如果要获得较低的 Fe 浸出率（如小于 5%），硫酸加入量越多，所需焙烧温度越高。

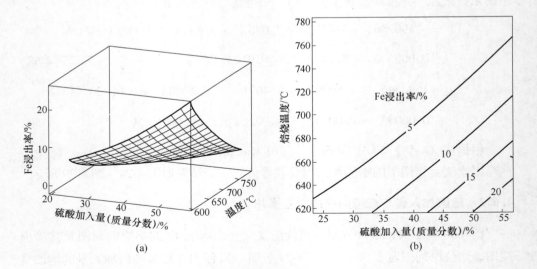

(a)

(b)

图 4-25　硫酸加入量与焙烧温度对 Fe 浸出率的交互影响

（a）响应曲面图；（b）等值线图

4.6.3 硫酸加入量与焙烧时间的交互影响

图 4-26 所示为硫酸加入量与焙烧时间交互影响下 Y_{Ni} 的响应曲面图及其等值线图，焙烧温度固定在 700℃。从图 4-26 中可知，当硫酸加入量（质量分数）小于 45％时，随着焙烧时间的延长，Ni 浸出率不断降低，且加入量越少，Ni 浸出率下降越快；当硫酸加入量（质量分数）约等于 45％时，延长焙烧时间对 Ni 浸出率基本没有影响；当硫酸加入量（质量分数）大于 45％时，随着焙烧时间的延长，Ni 浸出不断上升，且加入量越多，Ni 浸出率上升越快。

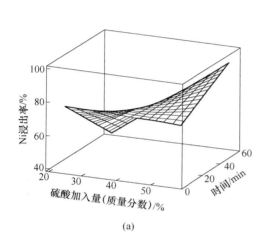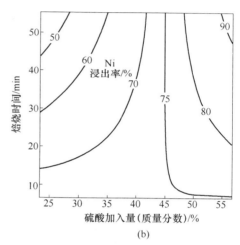

(a)　　　　　　　　　　(b)

图 4-26 硫酸加入量与焙烧时间对 Ni 浸出率的交互影响
（a）响应曲面图；（b）等值线图

图 4-27 所示为硫酸加入量与焙烧时间交互影响下 Y_{Fe} 的响应曲面图及其等值线图，焙烧温度固定在 700℃。从图 4-27 中可知，在固定的焙烧温度下，减少硫酸加入量和延长焙烧时间都有利于降低 Fe 浸出率。如果要获得较低的 Fe 浸出率（如小于 5％），硫酸加入量越多，所需焙烧时间越长。

4.6.4 焙烧温度与焙烧时间的交互影响

图 4-28 所示为焙烧温度与焙烧时间交互影响下 Y_{Ni} 的响应曲面图及其等值线图，硫酸加入量（质量分数）固定在 40％。从图 4-28 中可知，在较低焙烧温度下，延长焙烧时间有利于提高 Ni 浸出率，只要焙烧时间足够，即可获得高于 80％的 Ni 浸出率；在较高焙烧温度下，延长焙烧时间 Ni 浸出急剧下降，且焙烧温度越高，达到最大 Ni 浸出率所需时间越少。

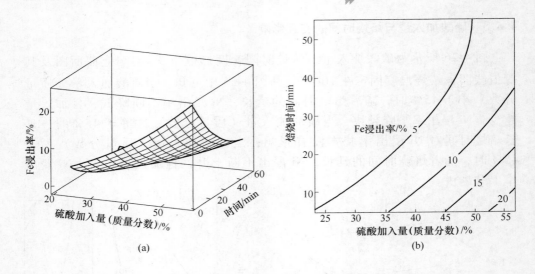

(a)

(b)

图 4-27　硫酸加入量与焙烧时间对 Fe 浸出率的交互影响

（a）响应曲面图；（b）等值线图

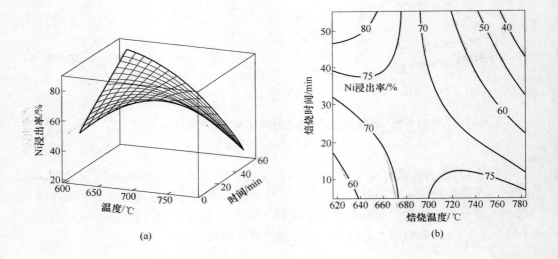

(a)

(b)

图 4-28　焙烧温度与焙烧时间对 Ni 浸出率的交互影响

（a）响应曲面图；（b）等值线图

　　图 4-29 所示为焙烧温度与焙烧时间交互影响下 Y_{Fe} 的响应曲面图及其等值线图，硫酸加入量（质量分数）固定在 40%。从图 4-29 中可知，在固定的硫酸加入量下，要达到较低的 Fe 浸出率（如小于 5%），焙烧温度越低，所需焙烧时间越长，焙烧温度越高，所需焙烧时间越短。

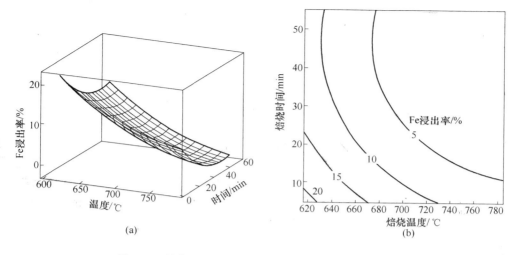

图 4-29　焙烧温度与焙烧时间对 Fe 浸出率的交互影响

（a）响应曲面图；（b）等值线图

4.6.5　优化区域确定

在镍红土矿硫酸熟化焙烧—水浸过程中，在提高 Ni 浸出率的同时还必须控制 Fe 的溶出。对于研究多因素影响下的 Ni、Fe 浸出率，确定优化条件或区域，其最佳的分析手段是绘制 Ni、Fe 浸出率等值线叠加图。图 4-30 所示为不同硫酸加入量时，焙烧温度和焙烧时间综合影响下的 Ni、Fe 浸出率等值线叠加图。研究确定目标优化区域（Opt.）为 Ni% ≥80% 且 Fe% ≤5% 。

从图 4-30 可以看出，当硫酸加入量（质量分数）为 40% 时，在 680℃ 、50min 的焙烧条件下可以获得 Ni% ≥75% 且 Fe% ≤5% 的区域，但无法获得 Opt. 区域。当硫酸加入量（质量分数）为 45% 时仍无法获得 Opt. 区域，但可以预测：在 690℃ 左右延长焙烧时间至 60min 或更长时间有可能出现 Opt. 区域。当硫酸加入量（质量分数）为 50% 时，在 705℃ 、50min 附近的焙烧条件下，可以获得 Opt. 区域，但其存在范围较小；当硫酸加入量（质量分数）为 55% 时，Opt. 区域可以在较大焙烧条件范围内存在。根据以上分析可以发现，随着硫酸加入量的增加，Opt. 区域从无到有，从小变大，其存在范围向图右下（即高焙烧温度和短的焙烧时间）扩张。

选取 Opt. 区域内两个条件点开展实验，以检验 Ni、Fe 浸出率相应模型的准确性，其结果见表 4-16。从表 4-16 中可知，实验点 1 和 2 对应条件下的浸出率数据满足 Ni% ≥80% 且 Fe% ≤5% 的优化区域要求，且实验数据与理论预测值非常吻合，说明采用响应曲面设计模拟硫酸熟化焙烧过程以确定实验优化条件或区域是非常成功的。

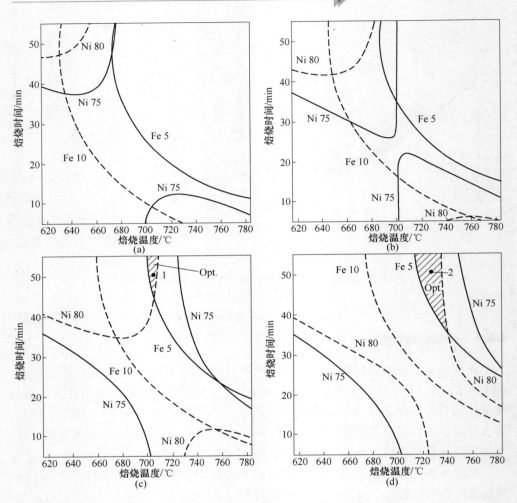

图 4-30　不同硫酸加入量时 Ni、Fe 浸出率等值线叠加图

（a）40%；（b）45%；（c）50%；（d）55%

表 4-16　优化区域内验证实验

实验点	条件	Ni 浸出率/%		Fe 浸出率/%	
		预测值	实验值	预测值	实验值
1	$X_1 = 50\%$				
	$X_2 = 705℃$	80.6	82.1	4.6	4.8
	$X_3 = 50min$				
2	$X_1 = 55\%$				
	$X_2 = 725℃$	83.1	82.5	4.2	4.0
	$X_3 = 50min$				

4.7 硫酸熟化焙烧过程动力学研究

在硫酸熟化焙烧—水浸和硫酸熟化焙烧—氨浸过程中，浸出反应是简单的金属硫酸盐溶解和金属离子与氨形成配合物的过程，反应在很短的时间内即可达到平衡，因此研究金属浸出过程动力学意义不大。前期实验研究表明，Ni、Co 等金属浸出率大小主要取决于硫酸熟化焙烧过程金属的硫酸化程度，而硫酸化程度与硫酸加入量、焙烧温度以及焙烧时间等因素关系密切。因此，研究硫酸熟化焙烧过程动力学行为和规律，探讨 Ni、Co 的硫酸化速率与焙烧温度的关系，对于针对性地优化硫酸熟化焙烧条件，强化硫酸化过程，提高 Ni、Co 浸出率，具有重要的意义。

4.7.1 硫酸化动力学曲线

研究采用 Ni、Co 浸出率分别表征 Ni、Co 的硫酸化程度。实验条件为：水加入量（质量分数）为 20%，硫酸加入量（质量分数）为 40%，原料粒度 0.096 ~ 0.074mm(160 ~ 200 目)，不加硫酸钠，矿浆浓度 50g/L。按理论计算，要将镍红土矿中所有组分硫酸化，其所需硫酸加入量（质量分数）为 176%，远高于实验中的硫酸加入量。但是，如果硫酸加入量过多，焙烧产物中大量残余酸会在水浸过程进入溶液，使溶液呈强酸性，过程将趋于常压硫酸浸出过程，无法考察焙烧条件对硫酸化程度的影响。同时，硫酸加入量对 Ni、Co 浸出率的影响表明（见图4-5），当硫酸加入量（质量分数）达到 40% 以上时，可以获得较高的 Ni、Co 浸出率，继续增加硫酸加入量，Ni、Co 硫酸化程度提高相对较小，因此可以看做满足硫酸加入量足够的要求，即满足动力学研究条件。

图4-31 所示为镍红土矿中 Ni 在 300 ~ 750℃ 焙烧温度范围内的硫酸化动力学曲线。在 300 ~ 600℃ 的温度区间，镍的硫酸化程度随着焙烧时间的延长而增大，并在 30min 左右接近于完成。这种动力学曲线符合典型的多相液-固区域反应动力学曲线特征，包含加速段和完成段[218]。加速段曲线表示反应的速率随时间迅速增大，也称为自动催化段，因为硫酸化反应界面随反应时间的延长而不断扩大，起到了催化作用。完成段曲线表示反应的速率随时间的延长而趋于平缓，反应速率减小。这是因为硫酸化反应界面的前沿达到最大，反应界面不断缩小，反应受到阻碍，并接近完成，也称反应界面缩小段。同时焙烧温度越高，硫酸化速率越快，Ni 的硫酸化程度越高。这是因为温度的升高有利于硫酸向固体颗粒内部扩散，同时缩短了硫酸化反应到达最大界面的时间。

在 650℃ 以上的高温区，Ni 的硫酸化程度在短时间内随时间的延长而迅速增加，但很快随时间的延长而降低。这是因为随着温度的升高和时间的延长，一方面镍的硫酸化反应速率因反应界面的缩小而减缓，另一方面在高温下镍的硫酸化

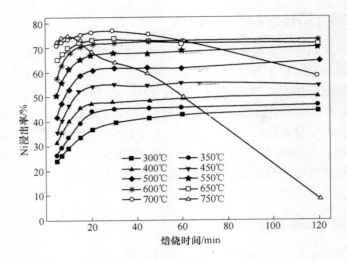

图 4-31 Ni 的硫酸化动力学曲线

和硫酸镍的分解成为一对竞争反应，当分解速率大于硫酸化速率时，Ni 浸出率持续降低。

图 4-32 所示为红土矿中 Co 在 300～750℃焙烧温度范围内的硫酸化动力学曲线。Co 与 Ni 的动力学曲线相似，在 300～600℃的低温区同样符合典型的多相液-固区域反应动力学曲线特征，在 650℃以上的高温区也存在钴的硫酸化和硫酸钴分解的竞争反应。不同的是，焙烧温度对钴的硫酸化影响更为明显：随着温度的升高，Ni 的最大硫酸化程度约从 45%增加到 75%，而 Co 的最大硫酸化程度约从

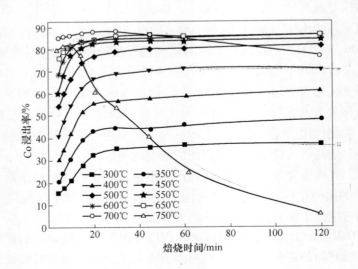

图 4-32 Co 的硫酸化动力学曲线

35%增加到了90%。

Ni 和 Co 在 300~600℃ 的硫酸化反应程度 α 可用 Avrami 方程表示：

$$\alpha = 1 - \exp(-kt^n) \qquad (4-60)$$

将式（4-60）两边同时取自然对数得：

$$\ln[-\ln(1-\alpha)] = \ln k + n\ln t \qquad (4-61)$$

将不同焙烧条件下的 Ni、Co 浸出率代入函数 $\ln[-\ln(1-\alpha)]$，并分别对相应 $\ln t$ 作图，可得图 4-33 和图 4-34。由图可知，在 300~600℃ 范围内，Ni、Co 硫酸化过程中的 $\ln[-\ln(1-\alpha)]$ 与 $\ln t$ 符合线性关系。图 4-33 中各直线斜率 n 在 0.27~0.44 之间，平均值为 0.37；图 4-34 中各直线斜率 n 在 0.39~0.53，平均值为 0.48。

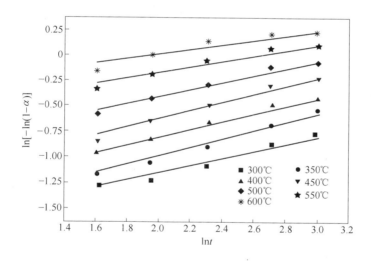

图 4-33 不同温度下 Ni 的 $\ln[-\ln(1-\alpha)]$ 与 $\ln t$ 的关系

4.7.2 表观活化能和控制步骤

反应速率常数是温度的函数，温度 T 对反应速率常数的影响可用 Arrhenius 公式表示：

$$\ln k = \ln A - \frac{E}{RT} \qquad (4-62)$$

由式（4-61）可知，图 4-33 和图 4-34 中直线的截距代表 $\ln k$。根据式（4-62）以 $\ln k$ 对 $1/T$ 作图，通过直线斜率即可求得 Ni、Co 硫酸化反应的表观活

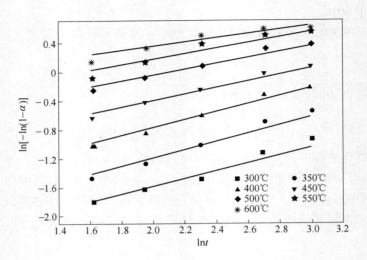

图 4-34   不同温度下 Co 的 $\ln[-\ln(1-\alpha)]$ 与 $\ln t$ 的关系

化能。图 4-35 所示为 Ni、Co 硫酸化反应的 $\ln k$ 与 $1/T$ 的关系图，据此可计算出 Ni、Co 的硫酸化反应的表观活化能 E_{Ni} 和 E_{Co} 分别为 21.45kJ/mol 和 34.81kJ/mol。同时，根据图 4-35 中直线在纵坐标上的截距可分别求得 A_{Ni} 和 A_{Co}，即可获得 Ni、Co 硫酸化速率常数 k_{Ni}、k_{Co} 与 T 的函数关系式：

$$k_{Ni} = 0.10 \times 10^2 \times \exp(-2.58 \times 10^3/T) \tag{4-63}$$

$$k_{Co} = 0.92 \times 10^2 \times \exp(-4.19 \times 10^3/T) \tag{4-64}$$

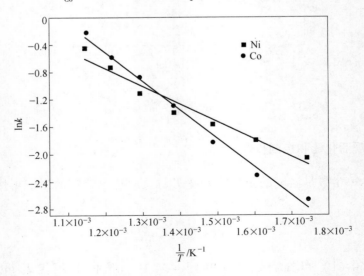

图 4-35   镍和钴硫酸化反应的 $\ln k$ 与 $1/T$ 的关系图

　　反应速率常数的温度系数可以判别化学反应的动力学控制过程。反应速率常数的温度系数是指温度每升高10℃，反应速率常数增加的倍数[219]。对于扩散控制过程，反应速率常数的温度系数一般为1.0~1.6；对于化学反应控制过程，反应速率常数的温度系数一般为2；由式（4-63）和式（4-64）可分别计算 Ni、Co 硫酸化反应的速率常数的温度系数分别为 1.05 和 1.09，故其动力学速率控制过程都属于固膜内扩散控制。因此，提高焙烧温度是提升 Ni、Co 硫酸化程度的有效措施，另外通过加入反应剂（如催化剂或浸润剂）改变固膜物化性质也可能提高 Ni、Co 硫酸化程度。

5　镍红土矿常压盐酸浸出过程理论及工艺研究

5.1　引言

第 2 章对菲律宾 MT 矿石的化学成分分析表明，其属于典型褐铁矿型低品位镍红土矿，相对菲律宾 TB 矿石，其镍、钴、锌、铜等有价金属含量较低，铁、镁等金属含量较高，尤其是镁含量达到 3.96%，因此矿中除铁氧化物外，还能检测到明显的蛇纹石和滑石成分。MT 矿石中镍、锌大部分以晶格取代的形式存在于针铁矿中，钴以物理吸附和化学吸附形式存在的比例较高，镁只有少部分是以晶格取代形式存在，采用低浓度酸即可浸出。

常压盐酸浸出工艺是采用盐酸作为浸出剂从矿物或二次资源中提取有价金属的过程。与硫酸浸出体系相比，该工艺具有更快的浸出速率和更高的浸出率，浸出液适合采用高温除铁，酸可以循环利用，并能够规模生产高品质氧化镁，因此适合处理高镁型镍红土矿。本章研究采用常压盐酸工艺处理 MT 矿石，对浸出过程进行热力学分析，考察盐酸加入量、浸出温度、浸出时间、矿浆浓度等因素对镍、钴、镁及其他杂质元素浸出率的影响，确定适宜的浸出条件，探讨工艺过程动力学行为，为工艺的工程化应用提供依据。

5.2　常压盐酸浸出过程热力学分析

5.2.1　热力学数据及计算

MT 矿石中的镍、钴、锰、锌既以简单氧化物形式存在，同时也以铁酸盐的形式存在，铁主要以针铁矿和磁铁矿形式存在，镁主要以蛇纹石和滑石形式存在。盐酸浸出镍红土矿可能发生的主要化学反应和反应吉布斯自由能与温度的关系如下所示[220,221]：

$$1/4NiFe_2O_4(s) + 2H^+ \Longrightarrow 1/4Ni^{2+} + 1/2Fe^{3+} + H_2O(l)$$

$$\Delta_r G^\ominus (J/mol) = -52458 + 151.71T \tag{5-1}$$

$$1/4CoFe_2O_4(s) + 2H^+ \Longrightarrow 1/4Co^{2+} + 1/2Fe^{3+} + H_2O(l)$$

$$\Delta_r G^\ominus (J/mol) = -58528 + 151.35T \tag{5-2}$$

$$1/4MnFe_2O_4(s) + 2H^+ \Longrightarrow 1/4Mn^{2+} + 1/2Fe^{3+} + H_2O(l)$$

$$\Delta_r G^{\ominus} \ (J/mol) = -58685 + 143.01T \tag{5-3}$$

$$1/4ZnFe_2O_4(s) + 2H^+ = 1/4Zn^{2+} + 1/2Fe^{3+} + H_2O(l)$$

$$\Delta_r G^{\ominus} \ (J/mol) = -53770 + 149.13T \tag{5-4}$$

$$NiO(s) + 2H^+ = Ni^{2+} + H_2O(l)$$

$$\Delta_r G^{\ominus} \ (J/mol) = -99250 + 97.02T \tag{5-5}$$

$$CoO(s) + 2H^+ = Co^{2+} + H_2O(l)$$

$$\Delta_r G^{\ominus} \ (J/mol) = -105120 + 95.98T \tag{5-6}$$

$$MnO(s) + 2H^+ = Mn^{2+} + H_2O(l)$$

$$\Delta_r G^{\ominus} \ (J/mol) = -121650 + 63.48T \tag{5-7}$$

$$ZnO(s) + 2H^+ = Zn^{2+} + H_2O(l)$$

$$\Delta_r G^{\ominus} \ (J/mol) = -91110 + 83.36T \tag{5-8}$$

$$CuO(s) + 2H^+ = Cu^{2+} + H_2O(l)$$

$$\Delta_r G^{\ominus} \ (J/mol) = -65080 + 70.64T \tag{5-9}$$

$$1/3Al_2O_3(s) + 2H^+ = 2/3Al^{3+} + H_2O(l)$$

$$\Delta_r G^{\ominus} \ (J/mol) = -86340 + 163.70T \tag{5-10}$$

$$1/3Cr_2O_3(s) + 2H^+ = 2/3Cr^{3+} + H_2O(l)$$

$$\Delta_r G^{\ominus} \ (J/mol) = -92490 + 141.47T \tag{5-11}$$

$$1/3Fe_2O_3(s) + 2H^+ = 2/3Fe^{3+} + H_2O(l)$$

$$\Delta_r G^{\ominus} \ (J/mol) = -42997 + 169.80T \tag{5-12}$$

$$2/3FeOOH(s) + 2H^+ = 2/3Fe^{3+} + 4/3H_2O(l)$$

$$\Delta_r G^{\ominus} \ (J/mol) = -40790 + 156.94T \tag{5-13}$$

$$1/4Fe_3O_4(s) + 2H^+ = 1/2Fe^{3+} + 1/4Fe^{2+} + H_2O(l)$$

$$\Delta_r G^{\ominus} \ (J/mol) = -52760 + 159.04T \tag{5-14}$$

$$1/3Mg_3(OH)_2Si_4O_{10}(s) + 2H^+ = Mg^{2+} + 4/3SiO_2(s) + 4/3H_2O(l)$$

$$\Delta_r G^{\ominus} \ (J/mol) = -110380 + 75.55T \tag{5-15}$$

$$1/3Mg_3Si_2O_5(OH)_4(s) + 2H^+ = Mg^{2+} + 2/3SiO_2(s) + 5/3H_2O(l)$$

$$\Delta_r G^{\ominus} \ (J/mol) = -111570 + 70.51T \tag{5-16}$$

5.2.2 常压盐酸浸出过程主要反应 $\Delta_r G^{\ominus}$-T 图

将式(5-1)~式(5-16)对应的 $\Delta_r G^{\ominus}$-T 关系式绘图,如图 5-1 所示。

从图 5-1 中可知,反应式(5-1)~式(5-16)对应的 $\Delta_r G^{\ominus}$ 随温度的升高而增

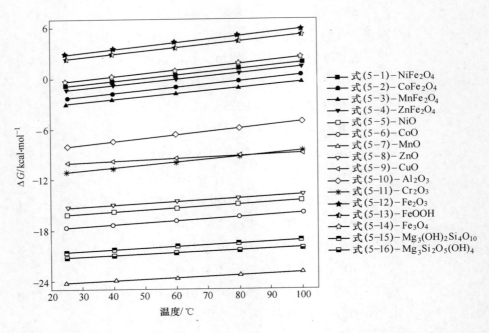

图 5-1　盐酸浸出过程主要反应的 $\Delta_r G^\ominus$-T 关系（1cal = 4.184J）

大。对于反应式（5-1）、式（5-2）、式（5-4）和式（5-14），当温度分别高于50℃、90℃、60℃和30℃左右时，$\Delta_r G^\ominus > 0$，反应停止进行；反应式（5-12）和式（5-13）在研究的温度范围内 $\Delta_r G^\ominus > 0$，反应不能进行，说明 FeOOH 和 Fe_2O_3 在常温下不能溶解于稀酸，且升高温度有利于溶液中的 Fe^{3+} 水解形成铁的氧化物；其他反应在所研究的温度范围内 $\Delta_r G^\ominus < 0$，反应可以进行。

根据各 $\Delta_r G^\ominus$-T 直线在图中的位置关系，可以得出以下结论：

（1）Ni、Co、Mn、Zn 对应的铁酸盐在盐酸浸出过程中的反应进行趋势为：$MnFe_2O_4 > CoFe_2O_4 > ZnFe_2O_4 > NiFe_2O_4$；

（2）Ni、Co、Mn、Zn、Al、Cr、Fe 对应的简单氧化物在盐酸浸出过程中的反应进行趋势为：$MnO > CoO > NiO > ZnO > Cr_2O_3 > CuO > Al_2O_3 > Fe_3O_4 > FeOOH > Fe_2O_3$；

（3）Mg 对应的两种复杂氧化物在盐酸浸出过程中的反应进行趋势为：$Mg_3Si_2O_5(OH)_4 > Mg_3(OH)_2Si_4O_{10}$。

5.3　实验结果与讨论

5.3.1　酸料比的影响

浸出过程浸出率取决于浸出剂与物料的有效接触，因此与浸出剂用量密切相关。通过理论计算，将 10g 镍红土矿中各金属氧化物全部转化为相应氯化盐的理论酸耗为 12.4g，即酸料比为 3.4:1。实验研究了酸料比对 Ni、Co、Mg、Fe、Mn 的影响，结果如图 5-2 所示。其他条件：浸出温度 25℃，浸出时间 2h，矿浆浓度 250g/L，原料粒度小于 0.175mm（80 目），不添加氯化盐。

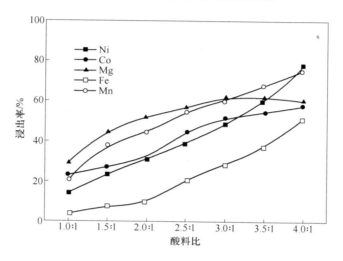

图 5-2 酸料比对金属浸出率的影响

从图 5-2 中可以看出，随着酸料比的增加，Ni、Co、Mg、Fe、Mn 浸出率持续升高，其中 Mg 浸出率在酸料比为 3:1 时达到最大，然后基本不变。盐酸具有强穿透性，随着酸料比的增加，更多的 H^+ 参与浸出过程中的表面扩散和毛细扩散过程，同时 Cl^- 浓度的增加使金属配合能力增强，因此浸出过程得到增强，浸出率得到提高。因此，综合考虑酸耗量及其对金属浸出率的影响，确定浸出过程酸料比为 3:1。

5.3.2 浸出温度的影响

温度的升高有利于降低溶液的黏度，使酸与矿料之间的传质速度加快，因此浸出反应可更充分地进行。实验研究了浸出温度对 Ni、Co、Mg、Fe、Mn 的影响，结果如图 5-3 所示。其他条件：酸料比 3:1，浸出时间 2h，矿浆浓度 250g/L，原料粒度小于 0.175mm（80 目），不添加氯化盐。

从图 5-3 可知，当浸出温度从 25℃ 上升到 50℃ 过程中，Ni、Mn 和 Fe 浸出率变化很小，Mg 浸出率有较大提升；继续升高温度，Ni、Mn 和 Fe 浸出率迅速上升，在 80℃ 达到最大值，而 Mg 浸出率在 50℃ 之后变化较小，呈缓慢上升趋势。Co 浸出率随温度升高变化不大。

第 2 章对 MT 矿的物相分析表明，矿中的铁主要以针铁矿形式存在，同时热

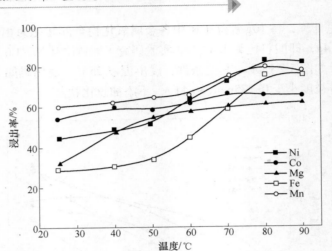

图 5-3　浸出温度对金属浸出率的影响

力学表明，在研究温度范围内针铁矿不能被浸出，在稀酸溶液中稳定存在。但是，由于镍红土矿中有相当数量的针铁矿并不是以完整晶型存在，其晶格中的 Fe 被 Ni、Co、Mn 等有价金属取代，导致晶型出现膨胀、扭曲等形变，因此大量的铁也被浸出。热力学研究表明，升高温度会使各浸出反应 $\Delta_r G^\ominus$ 增加，不利于浸出反应的进行，但由于浸出反应的 $\Delta_r G^\ominus$ 非常负，温度的升高对 $\Delta_r G^\ominus$ 的影响不及其对动力学过程的影响。综合考虑，确定浸出温度为 80℃。

5.3.3　浸出时间的影响

实验研究了浸出时间对 Ni、Co、Mg、Fe、Mn 的影响，结果如图 5-4 所示。

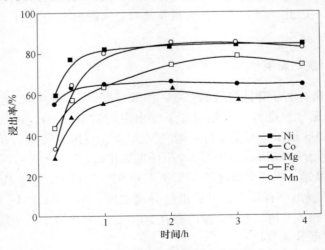

图 5-4　浸出时间对金属浸出率的影响

其他条件：酸料比 3：1，浸出温度 80℃，矿浆浓度 250g/L，原料粒度小于 0.175mm（80 目），不添加氯化盐。从图 5-4 中可知，Ni、Co、Mg、Mn 浸出过程在 1h 左右达到平衡，延长浸出时间对浸出率影响不大。Fe 浸出率随浸出时间的延长持续升高，并在 3h 左右达到最大。因此，确定浸出时间为 1h。

5.3.4 矿浆浓度的影响

实验研究了矿浆浓度对 Ni、Co、Mg、Fe、Mn 的影响，结果如图 5-5 所示。其他条件：酸料比 3：1，浸出温度 80℃，浸出时间 1h，原料粒度小于 0.175mm（80 目），不添加氯化盐。

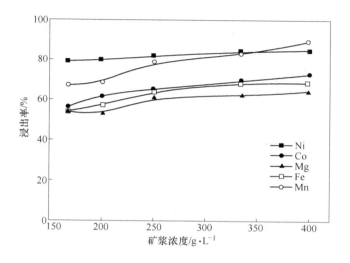

图 5-5 矿浆浓度对金属浸出率的影响

由图 5-5 可知，随着矿浆浓度的增大，Ni、Co、Mg、Fe、Mn 浸出率呈上升趋势。这是由于当酸料比一定时，随着矿浆浓度的增大，溶液酸浓度增大，因此浸出率不断提高。同时，增大矿浆浓度有利于工业化操作过程。当矿浆浓度为 400g/L 时，金属浸出率较高，且搅拌过程能顺利进行。因此，确定矿浆浓度为 400g/L。

5.3.5 原料粒度的影响

浸出反应中，浸出速率与液-固接触的表面积成正比。减小原料粒度可以增大液固反应面积，降低内扩散阻力，有利于提高浸出速率；但是，原料粒度过小，会使矿浆的黏度增大，外扩散速率降低，从而降低浸出速率，同时给固液分离造成困难。实验研究了原料粒度对 Ni、Co、Mg、Fe、Mn 的影响，结果见表 5-1。其他条件：酸料比 3：1，浸出温度 80℃，浸出时间 1h，矿浆浓度 400g/L，不添加氯化盐。

表 5-1　原料粒度对金属浸出率的影响

粒度/mm	粒度/目	浸出率/%				
		Ni	Co	Mg	Fe	Mn
0.833 ~ 0.175	20 ~ 80	80.7	71.9	67.1	63.0	91.0
0.175 ~ 0.147	80 ~ 100	81.6	69.9	55.4	65.3	85.5
0.147 ~ 0.121	100 ~ 120	82.2	71.0	51.5	62.1	81.2
0.121 ~ 0.110	120 ~ 140	81.0	69.6	42.6	63.6	78.4
<0.110	<140	82.4	69.9	29.5	62.9	81.5

从表 5-1 中可知，原料粒度变化对 Ni、Co、Fe 浸出率基本没有影响。原料粒度对 Mg 和 Mn 浸出率影响明显：Mg 浸出率随粒度减小迅速下降，Mn 浸出率随粒度减小呈略微下降趋势。其原因可能是 Ni、Co 等金属的分布比较均匀，而 Mg、Mn 主要分布在粒度较粗的颗粒中。综合考虑粒度影响及细磨筛分成本，确定原料粒度小于 0.175mm（80 目）。

5.3.6　Cl⁻浓度的影响

实验通过加入不同质量的无水氯化钙以调整溶液中的 Cl^- 浓度，研究其对 Ni、Co、Mg、Fe、Mn 的影响，结果如图 5-6 所示。其他条件：酸料比 3:1，浸出温度 80℃，浸出时间 1h，矿浆浓度为 400g/L，原料粒度小于 0.175mm（80 目）。

图 5-6 结果表明，金属浸出率基本不受 Cl^- 浓度的影响。主要原因是镍红土矿中的金属，尤其是含量较低的有价金属 Ni 和 Co，主要分布在高含量的针铁矿

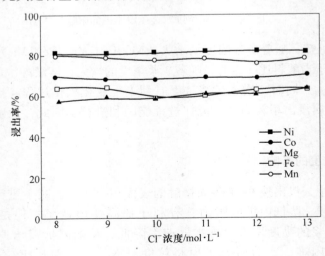

图 5-6　Cl⁻浓度对金属浸出率的影响

晶格中，只有通过高酸度的酸浸才能破坏其晶格，从而使得其中的有价金属被浸出，而 Cl⁻ 不能直接扩散至针铁矿晶格中与金属配合，因此 Cl⁻ 浓度的增大对金属浸出率几乎没有影响。因此，实验选择不外加氯化盐。

5.3.7 综合实验

通过以上单因素实验结果，确定以下适宜工艺条件：酸料比 3:1，浸出温度 80℃，浸出时间 1h，矿浆浓度 400g/L，原料粒度小于 0.175mm（80 目），不添加氯化盐。在此条件下，获得 Ni、Co、Mg、Fe、Mn 浸出率分别为 82.5%、70.3%、63.8%、63.7% 和 80.0%。

图 5-7 所示为常压盐酸浸出渣的 XRD 图谱。与原矿的 XRD 图谱比较（见图 2-3）可以发现，浸出渣中仍存在针铁矿、磁铁矿、蛇纹石和滑石成分，但渣中蛇纹石和滑石的 X 射线衍射峰强度明显减小，说明其对应成分含量降低。原因可以从热力学分析中得出：在 80℃时，蛇纹石和滑石的酸浸反应 $\Delta_r G^\ominus$ 远小于零，反应可以发生，而针铁矿和磁铁矿酸浸反应 $\Delta_r G^\ominus$ 大于零，反应不能发生。因此，浸出渣中的主要物相仍是针铁矿，而大量蛇纹石和滑石成分在浸出过程中被溶解。

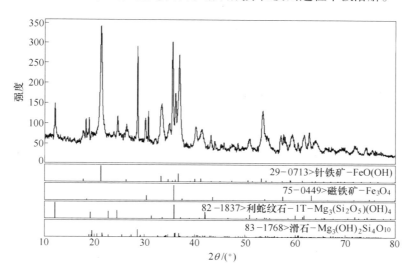

图 5-7　常压盐酸浸出渣的 XRD 图谱

5.4　常压盐酸浸出过程动力学研究

5.4.1　浸出动力学曲线

常压盐酸浸出过程动力学实验条件为：镍红土矿 5g，粒径在 0.096 ~

0.074mm（160~200目）之间，酸料比60∶1，反应体积400mL，搅拌速度400r/min。按照上述条件开展动力学实验，测得不同温度下 Ni、Co 和 Fe 浸出率随氨浸时间变化关系图，如图5-8~图5-10 所示。

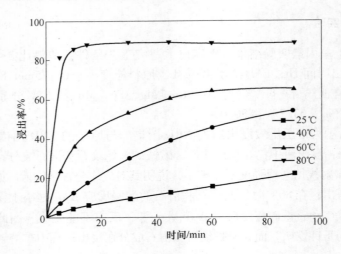

图 5-8　不同温度下 Ni 浸出率与浸出时间的关系

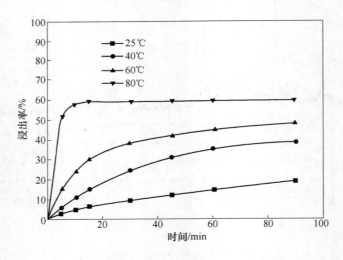

图 5-9　不同温度下 Co 浸出率与浸出时间的关系

对比图5-8、图5-9 和图5-10 可知，Ni、Co 和 Fe 浸出率随时间的变化具有以下特点：对于同一种金属，温度越高，达到最大浸出率的时间越短；对于不同金属，相同温度下的浸出行为一致。这主要是因为大部分的 Ni 和部分 Co 是以晶格取代的形式存在于针铁矿中，其浸出行为主要受 Fe 浸出行为的影响。

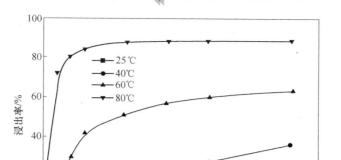

图 5-10 不同温度下 Fe 浸出率与浸出时间的关系

根据上述数据，采用式（3-45）～式（3-47）对 Ni、Co、Fe 浸出曲线进行线性拟合。结果表明，Ni、Co、Fe 浸出曲线不符合广泛采用的收缩未反应核模型，但可以用多相液-固区域反应动力学模型来拟合，其反应进行程度 α 可用 Avrami 方程表示：

$$\alpha = 1 - \exp(-kt^n) \tag{5-17}$$

即

$$\ln[-\ln(1-\alpha)] = \ln k + n\ln t \tag{5-18}$$

将各温度下不同时间的 Ni、Co、Fe 浸出率代入函数 $\ln[-\ln(1-\alpha)]$，并分别对相应 $\ln t$ 作图，可得图 5-11～图 5-13。由图可知，Ni、Co、Fe 浸出率数据很

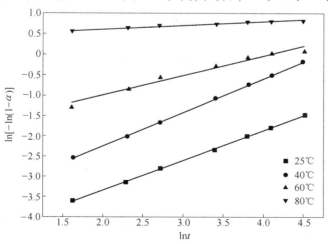

图 5-11 不同温度下 Ni 的 $\ln[-\ln(1-\alpha)]$ 与 $\ln t$ 的关系

好地满足线性关系。图 5-11 中各直线斜率 n 在 $0.10 \sim 0.74$ 之间，平均值为 0.54；图 5-12 中各直线斜率 n 在 $0.02 \sim 0.67$ 之间，平均值为 0.46；图 5-13 中各直线斜率 n 在 $0.19 \sim 0.92$ 之间，平均值为 0.65。

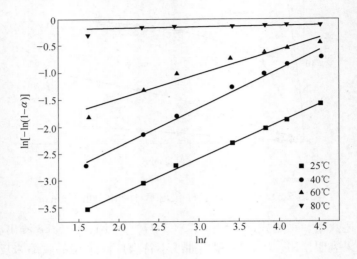

图 5-12　不同温度下 Co 的 $\ln[-\ln(1-\alpha)]$ 与 $\ln t$ 的关系

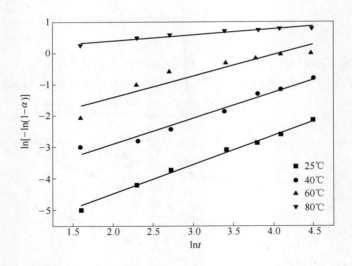

图 5-13　不同温度下 Fe 的 $\ln[-\ln(1-\alpha)]$ 与 $\ln t$ 的关系

5.4.2　表观活化能和控制步骤

由式（5-18）可知，图 5-11 ~ 图 5-13 中直线在坐标轴上的截距代表 $\ln k$。根据式（3-49），以 $\ln k$ 对 $1/T$ 作图，通过直线斜率可求得浸出反应表观活化能。图 5-14、图 5-15 和图 5-16 分别为 Ni、Co、Fe 浸出反应的 $\ln k$ 与 $1/T$ 关系图，据此可计算出 Ni、Co、Fe 浸出反应的表观活化能 E_{Ni}、E_{Co} 和 E_{Fe} 分别为 71.64kJ/mol、68.73kJ/mol 和 98.52kJ/mol，Ni、Co、Fe 浸出反应为表面化学反应控制过程。

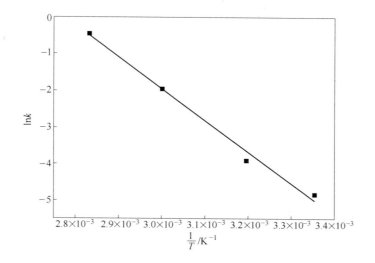

图 5-14　Ni 浸出过程 $\ln k$ 与 $1/T$ 的关系

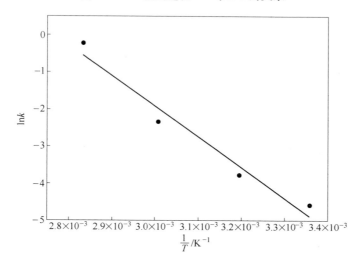

图 5-15　Co 浸出过程 $\ln k$ 与 $1/T$ 的关系

根据式（3-49）以及图 5-11、图 5-12 和图 5-13 中直线在纵坐标上的截距可分别求得频率因子 A_{Ni}、A_{Co} 和 A_{Fe}，即可获得 Ni、Co、Fe 浸出反应速率常数 k_{Ni}、

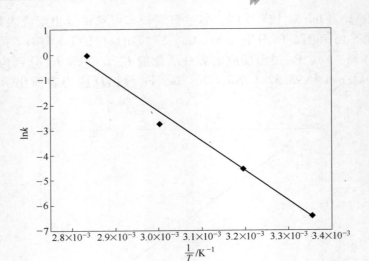

图 5-16 Fe 浸出过程 ln$k$ 与 1/T 的关系

k_{Co} 和 k_{Fe} 与 T 的函数关系式：

$$k_{Ni} = 2.44 \times 10^{10} \times \exp(-8.62 \times 10^{3}/T) \tag{5-19}$$

$$k_{Co} = 0.86 \times 10^{10} \times \exp(-8.27 \times 10^{3}/T) \tag{5-20}$$

$$k_{Fe} = 1.05 \times 10^{14} \times \exp(-11.85 \times 10^{3}/T) \tag{5-21}$$

6 研究成果与展望

6.1 研究成果

本书以我国青海元石山以及菲律宾 Tubay 和 Mati 地区低品位褐铁矿型镍红土矿为原料，在热力学理论计算和分析基础上，分别开展了镍红土矿还原焙烧—氨浸、硫酸熟化焙烧—浸出和常压盐酸浸出工艺研究，并对相应的反应过程进行了动力学研究。主要研究结论如下：

（1）对国内外不同地区的低品位褐铁矿型镍红土矿的化学成分、物相结构和元素赋存状态进行研究表明：青海元石山地区低品位褐铁矿型镍红土矿中钴含量极低，铬和砷含量高；矿石中的主要物相组成为针铁矿和磁铁矿；镍和钴主要以晶格取代的形式存在于针铁矿中。菲律宾 Tubay 地区低品位褐铁矿型镍红土矿中钴含量较高，具有回收价值；矿石中的主要物相组成为针铁矿和磁铁矿；镍主要以晶格取代的形式存在于针铁矿中，钴主要以物理吸附的形式存在于氧化锰颗粒中。菲律宾 Mati 地区低品位褐铁矿型镍红土矿中镁含量较高，矿石中的主要物相包括针铁矿、磁铁矿、蛇纹石和滑石。镍主要以晶格取代的形式存在于针铁矿中，钴主要以吸附形式存在于氧化锰颗粒中，镁主要存在于非晶型和弱晶型镁矿物中。根据以上研究，确定采用还原焙烧—氨浸工艺处理青海元石山地区低品位褐铁矿型镍红土矿，采用硫酸熟化焙烧—浸出工艺处理菲律宾 Tubay 地区低品位褐铁矿型镍红土矿，采用常压盐酸浸出工艺处理菲律宾 Mati 地区低品位褐铁矿型镍红土矿。

（2）采用还原焙烧—氨浸工艺处理青海元石山地区低品位褐铁矿型镍红土矿。还原焙烧过程热力学分析表明，镍红土矿的还原焙烧过程能在一定的还原气氛和温度条件控制下，实现镍红土矿中绝大部分镍、钴氧化物被还原为金属态，同时使大部分的铁转化为 Fe_3O_4，少部分铁被还原为 FeO 或金属 Fe，从而为后续氨浸工序中镍和钴的选择性浸出创造有利条件。氨浸过程热力学分析表明，控制溶液 pH 值为 9~12、体系电位大于 -0.2V，溶液中的 Ni、Co 以氨配合物的形式稳定存在，而 Fe 以 $Fe(OH)_3$ 沉淀形式进入渣中。确定了还原焙烧—氨浸的适宜工艺条件：原料粒度小于 0.833mm（20 目），还原剂用量（质量分数）20%，焙烧温度 850℃，焙烧时间 30min，氨浸温度 40℃，氨浸时间 10min，NH_3/CO_2 = 133:88，矿浆浓度 70g/L，通氧速率为 0.1L/(min·g)。在此条件下，Ni、

Co、Fe 浸出率分别为 83.1%、45.1% 和 0.12%，Ni/Fe 达到 45.9，实现了 Ni 的选择性浸出。还原焙烧过程的优化实验设计结果表明：响应曲面设计在模拟 Ni 的浸出行为过程中出现了数据失真，其高温焙烧状态下的预测数据与实验数据存在较大差别；响应曲面设计有效地模拟了 Co 的浸出行为，确定了优化条件为还原剂用量（质量分数）20%、焙烧温度 930℃、焙烧时间 30min。研究了氨浸过程中 Ni、Co 的浸出动力学。实验结果表明，Ni、Co 的浸出行为符合多相液固区域反应动力学模型，可用 Avrami 方程很好地拟合。Ni、Co 浸出反应的表观活化能分别为 18.07kJ/mol 和 8.99kJ/mol，为固膜扩散控制过程，其反应速率方程分别为 $k_{Ni} = 5.04 \times 10^2 \times \exp(-2.17 \times 10^3/T)$ 和 $k_{Co} = 0.12 \times 10^2 \times \exp(-1.08 \times 10^3/T)$。

（3）采用硫酸熟化焙烧—水浸和硫酸熟化焙烧—氨浸工艺分别处理菲律宾 Tubay 地区低品位褐铁矿型镍红土矿。

1）硫酸熟化焙烧过程热力学分析表明，镍红土矿中所有形式的金属氧化物都可以和浓硫酸反应生成相应的硫酸盐，硫酸熟化产物经特定温度的焙烧处理，可以将 Fe、Al、Cr 的硫酸盐分解成相应的氧化物，而 Ni、Co 等有价金属仍以硫酸盐形式存在，并通过浸出过程实现镍红土矿中 Ni、Co 等有价金属与 Fe、Al、Cr 的初步分离。氨浸过程热力学分析表明，氨或氨-硫酸铵溶液浸出过程中，提高 $c_{NH_3,T}$ 有利于增大溶液中的 $c_{Ni,T}$、$c_{Co,T}$、$c_{Zn,T}$、$c_{Cu,T}$ 和 $c_{Fe,T}$，对于 $c_{Mn,T}$ 和 $c_{Mg,T}$ 影响相对较小；氨-碳酸铵溶液浸出过程中，CO_3^{2-} 的存在对溶液中的 $c_{Ni,T}$ 和 $c_{Cu,T}$ 影响不大，但会较大程度地降低溶液中的 $c_{Co,T}$、$c_{Mn,T}$、$c_{Zn,T}$、$c_{Mg,T}$ 和 $c_{Fe,T}$。

2）确定了硫酸熟化焙烧—水浸的适宜工艺条件：水加入量（质量分数）20%，硫酸加入量（质量分数）40%，焙烧温度 700℃，焙烧时间 120min，原料粒度小于 0.175mm(80 目)，硫酸钠加入量（质量分数）4%，矿浆浓度 1kg/L。在此条件下，Ni、Co、Fe、Mn 浸出率分别为 83.3%、92.8%、0.8% 和 94.3%，工艺实现了 Ni、Co 对 Fe 的选择性浸出。浸出渣铁含量为 62.33%，达到 H62 级赤铁精矿的品位和化学成分要求。通过单因素实验确定了硫酸熟化焙烧—氨浸的适宜工艺条件：水加入量（质量分数）20%，硫酸加入量（质量分数）40%，焙烧温度 700℃，焙烧时间 30min，原料粒度小于 0.175mm(80 目)，硫酸钠加入量（质量分数）4%，氨浓度为 5mol/L，碳酸铵浓度 1mol/L，矿浆浓度 300g/L，氨浸温度 25℃，氨浸时间为 10min。在此条件下，Ni、Co、Fe、Mn 浸出率分别为 82.5%、61.0%、0.007% 和 22.1%。

3）对硫酸熟化焙烧过程进行了优化实验设计，绘制了 Ni、Fe 浸出率等值线叠加图，确定了 Ni% ≥80% 且 Fe% ≤5% 的目标优化区域。对区域内条件点进行验证实验，实验结果表明：对应条件点的浸出率数据满足 Ni% ≥80% 且 Fe% ≤5% 的优化区域要求，且实验数据与理论预测值非常吻合。研究了硫酸熟化焙烧过程中 Ni、Co 的硫酸化动力学。实验结果表明，Ni、Co 的硫酸化行为符合典型的多相液-固区域反应动力学模型，可用 Avrami 方程很好地拟合。Ni、Co 硫酸化反应的表观活化能分别为 21.45kJ/mol 和 34.81kJ/mol，为固膜扩散控制过程，其反应速率方程分别为 $k_{Ni} = 0.10 \times 10^2 \times \exp(-2.58 \times 10^3/T)$ 和 $k_{Co} = 0.92 \times 10^2 \times \exp(-4.19 \times 10^3/T)$。

（4）采用常压盐酸浸出工艺处理菲律宾 Mati 地区低品位褐铁矿型镍红土矿。浸出过程热力学分析表明，升高温度不利于各物相与盐酸反应的进行，当温度分别高于 50℃、90℃、60℃ 和 30℃ 左右时，$NiFe_2O_4$、$CoFe_2O_4$、$ZnFe_2O_4$ 和 Fe_3O_4 对应反应 $\Delta_r G^\ominus > 0$，反应不能进行；除 FeOOH 和 Fe_2O_3 外，其他物相在常压下均能被盐酸溶解。确定了常压盐酸浸出的适宜工艺条件：酸料比 3:1，浸出温度 80℃，浸出时间 1h，矿浆浓度 400g/L，原料粒度小于 0.175mm（80 目），不添加氯化盐。在此条件下，获得 Ni、Co、Mg、Fe、Mn 浸出率分别为 82.5%、70.3%、63.8%、63.7% 和 80.0%。浸出渣中仍存在针铁矿、磁铁矿、蛇纹石和滑石成分，但渣中蛇纹石和滑石含量降低。研究了常压盐酸浸出过程中 Ni、Co、Fe 的浸出动力学。实验结果表明，Ni、Co、Fe 的浸出行为符合多相液-固区域反应动力学模型，可用 Avrami 拟合。Ni、Co、Fe 浸出反应的表观活化能分别为 71.64kJ/mol、68.73kJ/mol 和 98.52kJ/mol。Ni、Co、Fe 浸出反应为表面化学反应控制过程，其反应速率方程分别为 $k_{Ni} = 2.44 \times 10^{10} \times \exp(-8.62 \times 10^3/T)$、$k_{Co} = 0.86 \times 10^{10} \times \exp(-8.27 \times 10^3/T)$ 和 $k_{Fe} = 1.05 \times 10^{14} \times \exp(-11.85 \times 10^3/T)$。

6.2　展望

本书针对国内外不同地区的镍红土矿资源特点，开展了适应性湿法处理工艺研究，得出了一些有价值的研究结论，为低品位镍红土矿冶金处理技术开发提供了指导作用，但是由于时间、实验条件及设备的限制，还有许多工作有待进一步深入和完善：

（1）开展各工艺浸出液中杂质分离及有价金属回收的实验研究，寻求合适的镍钴富集工艺，或开展经浸出液定向沉积、选择性除杂等手段直接制备单一或多金属复合功能粉体材料的工艺研究。

（2）开展各工艺的工业化试验研究，进一步解决工业扩大化过程中条件优化和设备选型等问题，为其工业化应用提供完整和可靠的依据。

参 考 文 献

[1] 任鸿九，王立川. 有色金属提取冶金手册 [M]. 北京：冶金工业出版社，2000：499～508.

[2] 别列果夫斯基 B И，古吉玛 H B. 镍冶金学 [M]. 李潜，译. 北京：中国工业出版社，1962：11～15.

[3] 彭容秋，任鸿九，张训鹏，等. 镍冶金 [M]. 长沙：中南大学出版社，2005：1～5.

[4] 博里谢维奇. 镍 [M]. 王祖荫，译. 北京：地质出版社，1955：5～6.

[5] 邱竹贤. 有色金属冶金学 [M]. 北京：冶金工业出版社，1988：153～160.

[6] 陈浩琉，吴水波，傅德彬，等. 镍矿床 [M]. 北京：地质出版社，1993：1～9.

[7] 李金辉. 氯盐体系提取红土矿中镍钴的工艺及基础研究 [D]. 长沙：中南大学，2010.

[8] 罗永吉. 墨江硅酸镍矿湿法工艺试验研究 [D]. 昆明：昆明理工大学，2008.

[9] 张友平，周渝生，李肇毅. 红土矿资源特点和火法冶金工艺分析 [J]. 铁合金，2007(6)：18～21.

[10] 刘岩，翟玉春，王虹. 镍生产工艺研究进展 [J]. 材料导报，2006，20(3)：79～81.

[11] 戴卫 杰克森. 镍在不锈钢中的有效应用 [J]. 不锈钢：市场与信息，2005(20)：12～18.

[12] 石文堂. 低品位镍红土矿硫酸浸出及浸出渣综合利用的理论及工艺研究 [D]. 长沙：中南大学，2010.

[13] 中国有色金属工业协会. 中国有色金属工业年鉴 [M]. 北京：中国印刷总公司，2000/2003/2006/2009.

[14] 2009 年全球十大镍生产商的产量统计 [EB/OL]. [2010-04-19]. http://www.chinamining.com.cn/news/listnews.asp? siteid=284414&ClassId=154.

[15] 李成. 中国成为世界上最大的镍消费国 [C]//国际镍协会 Defense&Promotion 会议. 伦敦，2010 年 3 月.

[16] Minerals and Metals Sector. 2009 Canadian Minerals Yearbook (CMY) [M]. Ottawa：Natural Resources Canada，2010.

[17] 陈甲斌. 镍资源供需态势与应对措施 [J]. 国土资源，2006(36)：52～53.

[18] 徐爱东，范润泽. 2008 年镍市场回顾及 2009 年展望 [J]. 不锈钢：市场与信息，2009(5)：20～23.

[19] 周京英，孙延绵，付水兴. 中国主要有色金属矿产的供需形势 [J]. 地质通报，2009，28(2～3)：171～176.

[20] 那丹妮，王高尚. 我国未来镍需求趋势预测及供应构想 [J]. 中国国土资源经济，2010(6)：17～19.

[21] 徐爱东，范润泽. 2009 年镍市场回顾及 2010 年展望 [J]. 不锈钢：市场与信息，2010(6)：16～19.

[22] 陈浩琉，吴水波，傅德彬，等. 镍矿床 [M]. 北京：地质出版社，1993：10，11.

[23]《国外有色冶金工厂》编写组. 国外有色冶金工厂 [M]. 北京：冶金工业出版社，1977.

[24] 黄雅斌. 世界镍矿产概况 [J]. 国外地质技术经济，1990，6(1)：35～43.

[25] 肖军辉. 某硅酸镍矿离析工艺试验研究[D]. 昆明：昆明理工大学，2007(10)：1~3.

[26] 肖安雄. 美国金属杂志对世界有色金属冶炼厂的调查（第四部硫化镍）[J]. 中国有色冶金，2008，12(6)：1~19.

[27] 何焕华，蔡乔方. 中国镍钴冶金[M]. 北京：冶金工业出版社，2000.

[28] 陈浩琉，吴水波，傅德彬，等. 镍矿床[M]. 北京：地质出版社，1993：12~35.

[29] Gleeson S A, Butt C R, Elias M. Nickel laterites: A review [J]. SEG News Letter, 2003 (54): 9~16.

[30] Swamy Y V, Kar B B, Mohanty J K. Physico-chemical characterization and sulphatization roasting of low-grade nickeliferous laterites [J]. Hydrometallurgy, 2003, 69(1~3): 89~98.

[31] 矿产资源综合利用手册编委会. 矿产资源综合利用手册[M]. 北京：科学技术出版社，1999.

[32] U. S. Department of the Interior, U. S. Geological Survey. Mineral Commodity Summaries[R]. Washington: United States Government Printing Office, 2008/2009/2010.

[33] 王瑞江，聂凤军. 红土镍矿床找矿勘查及开发利用新进展[J]. 地质论坛，2008，54(2)：215~224.

[34] 江源，侯梦溪. 全球镍资源供需研究[J]. 有色矿冶，2008，24(2)：55~57.

[35] 朱景和. 世界镍红土矿资源开发与利用技术分析[J]. 世界有色金属，2007(10)：7~9.

[36] 李志茂，朱彤，吴家正. 镍资源的利用及镍铁产业的发展[J]. 中国有色冶金，2009(1)：29~32.

[37] Dalvi A D, Bacon W G, Osborne R C. The past and the future of nickel laterites[C]. PDAC 2004 International Convention, Trade Show&Investors Exchange. 2004, March 7~10.

[38] Bergman R A. Nichel production from low iron laterite ores: process descriptions [J]. CIM Bulletin, 2003(1072): 127~138.

[39] Warner A E, Díaz C M, Dalvi A D, et al. JOM world nonferrous smelter survey-part Ⅲ: nickel: laterite [J]. JOM, 2006(4): 11~20.

[40] 何焕华. 氧化镍矿处理工艺述评[J]. 中国有色冶金，2004(6)：12~15.

[41] 肖振民. 世界红土型镍矿开发和高压酸浸技术应用[J]. 中国矿业，2002，11(1)：56~59.

[42] 刘同有. 中国镍钴铂族金属资源和开发战略（上）[J]. 国土资源科技管理，2003(1)：21~25.

[43] 刘同有. 中国镍钴铂族金属资源和开发战略（下）[J]. 国土资源科技管理，2003(2)：21~28.

[44] 翟秀静，符岩，衣淑立. 镍红土矿的开发与研究进展[J]. 世界有色金属，2008(8)：36~38.

[45] 冶金工业部赴菲斑岩铜矿地质考察组. 菲律宾红土镍矿的生成及找矿勘探[J]. 地质与勘探，1980(1)：26~29.

[46] 刘成忠，尹维青，涂春根. 菲律宾吕宋岛红土型镍矿地质特征及勘查开发进展[J]. 江西有色金属，2009，23(2)：3~6.

[47] 黄易勤. 广西某氧化镍矿的工艺矿物学特征 [J]. 矿产保护与利用, 2007(3): 34~37.

[48] 何灿, 肖述刚, 谭木昌. 印度尼西亚红土型镍矿 [J]. 云南地质, 2008, 27 (1): 20~26.

[49] Mudd G M. Global trend sand environmental issues in nickel mining—Sulfides versus laterites [J]. Ore Geology Reviews, 2010, 38: 9~26.

[50] 李志茂, 朱彤, 吴家正. 镍资源的利用及镍铁产业的发展 [J]. 中国有色金属, 2009 (1): 29~32.

[51] 范润泽. 2009 年我国共进口镍矿 1642 万吨 [J]. 中国金属通报, 2010(5): 8~9.

[52] 曹异生. 国内外镍工业现状及前景展望 [J]. 世界有色金属, 2005(10): 67~71.

[53] 周晓文, 张建春, 罗仙平. 从红土镍矿中提取镍的技术研究现状及展望 [J]. 四川有色冶金, 2008(1): 18~22.

[54] 刘大星. 从镍红土矿中回收镍、钴技术的进展 [J]. 有色金属 (冶炼部分), 2002(3): 6~10.

[55] 兰兴华. 从镍红土矿中回收镍的技术进度[J]. 世界有色金属, 2007(4): 27~30.

[56] 王成彦, 尹飞, 陈永强. 国内外红土镍矿处理技术及进展 [J]. 中国有色金属学报, 2008, 18(s1): 1~8.

[57] 李建华, 程威, 肖志海. 红土镍矿处理工艺综述 [J]. 湿法冶金, 2004, 23 (4): 190~194.

[58] 朱景和. 世界镍红土矿开发与利用的技术分析 [J]. 中国金属通报, 2007(35): 22~25.

[59] 徐敏, 许茜, 刘日强. 红土镍矿资源开发及工艺进展 [J]. 矿产综合利用, 2009 (3): 28~30.

[60] 刘庆成, 李洪元. 红土型镍矿项目的经济性探讨 [J]. 世界有色金属, 2006 (6): 68~69.

[61] 张守卫, 谢曙斌, 徐爱东. 镍的资源、生产及消费状况 [J]. 世界有色金属, 2003(11): 9~15.

[62] 罗光臣. 镍红土矿湿法冶金技术进展[C]//中国有色金属学术铜镍湿法冶金技术交流及应用推广会, 2001.

[63] 聂树人. 平安县元石山低品位红土型铁镍 (钴) 矿的预处理——磁选富集 [J]. 青海地质, 2001(1): 45~50.

[64] 王来存. 镍的资源、工业发展现状和未来发展趋势 [J]. 金川科技, 2009(4): 56~58.

[65] 兰兴华. 世界红土镍矿冶炼厂调查 [J]. 世界有色金属, 2006(11): 65~71.

[66] 张莓. 我国火法冶炼红土镍矿进展 [J]. 国土资源情报, 2008(2): 29~32.

[67] 程明明. 中国镍铁的发展现状、市场分析与展望 [J]. 矿业快报, 2008(8): 1~3.

[68] 陈景友, 谭巨明. 采用红土镍矿及电炉生产镍铁技术探讨 [J]. 铁合金, 2008(3): 13~15.

[69] 刘志宏, 杨慧兰, 李启厚. 红土镍矿电炉熔炼提取镍铁合金的研究 [J]. 有色金属 (冶炼部分), 2010(2): 2~5.

[70] 唐琳, 刘仕良, 杨波. 电弧炉生产镍铬铁的生产实践 [J]. 铁合金, 2007(5): 1~6.

[71] 邱国兴, 石清侠. 红土矿含碳球团还原富集镍铁的工艺研究 [J]. 矿冶工程, 2009, 29

（6）：75 ~ 77.

［72］ 周若愚，李仲恺，寄海明．红土矿还原生产镍铁熔炼条件的研究［J］．四川冶金，2009，31（6）：55 ~ 58.

［73］ 安月明，金永新，郝建军．红土矿火法冶炼镍铁的试验［J］．中国有色冶金，2010（3）：15 ~ 17.

［74］ 石清侠，邱国兴，王秀美．红土镍矿直接还原富集镍工艺研究［J］．黄金，2009，30（10）：46 ~ 49.

［75］ 陈庆根．氧化镍矿资源开发与利用现状［J］．湿法冶金，2008，27（1）：7 ~ 9.

［76］ Watanabe T，Ono S，Arai H，et al. Direct reduction of garnierite ore for production of ferro-nickel with a rotary kiln at Nippon Yakin Kogyo Co. Ltd. oheyama works［J］. International Journal of Mineral Proeessing，1987，19（1 ~ 4）：173 ~ 187.

［77］ Ishii K. Development of ferro-nickel smelting from laterite in Japan［J］. International Journal of Mineral Processing，1987，19（1 ~ 4）：15 ~ 24.

［78］ 刘晓明，史嵩寿，鹿宁．开发利用红土镍矿资源满足中国日益增长的镍需求［J］．不锈，2007（2）：2 ~ 7.

［79］ McDonald R G，Whittington B I. Atmospheric acid leaching of nickel laterites review Part I. Sulfuric acid technologies［J］. Hydrometallurgy，2008，91（1 ~ 4）：35 ~ 55.

［80］ McDonald R G，Whittington B I. Atmospheric acid leaching of nickel laterites review Part II. Chloride and bio-technologies［J］. Hydrometallurgy，2008，91（1 ~ 4）：56 ~ 69.

［81］ 周全雄．氧化镍矿开发工艺技术现状及发展方向［J］．云南冶金，2004，34（6）：33 ~ 36.

［82］ Zuniga M，Parada F L，Asselin E. Leaching of a limonitic laterite in ammoniacal solutions with metallic iron［J］. Hydrometallurgy，2010，104（2）：260 ~ 267.

［83］ Fan C L，Zhai X J，Fu Y，et al. Extraction of nickel and cobalt from reduced limonitic laterite using a selective chlorination-water leaching process［J］. Hydrometallurgy，2010，105（1 ~ 2）：191 ~ 194.

［84］ Baghalha M，Papangelakis V G. Pressure acid leaching of laterites at 250℃：A solution chemical model and its applications［J］. Metallurgival and materials transactions B，1998，29：945 ~ 952.

［85］ Caron M H. Fundamental and practical factors in ammonia leaching of nickel and cobalt ores［J］. Transaction of American Institute of Mining，Metallurgical，and Petroleum Engineers，1950，188：67 ~ 90.

［86］ Centerford J H. The treatment of nickeliferous laterites［J］. Minerals Science and Engineering，1975，7：3 ~ 17.

［87］ Power L F，Geiger G H. The application of the reduction roast-ammoniacal ammonium carbonate leach to nickel laterites［J］. Minerals Science and Engneering，1977，9：32 ~ 51.

［88］ De Graaf J E. The treament of lateritic nickel ores—A further study of the Caron process and other possible improvements，I：effect of reduction conditions［J］. Hydrometallurgy，1979，5：47 ~ 65.

[89] Panda S C, Sukla L B, Jena P K. Extraction of nickel through reduction roasting and ammonia-cal leaching of lateritic nickel ores [J]. Transactions Indian Institute of Metals, 1980, 33: 161~165.

[90] Chander S, Sharma V N. Reduction roasting/ammonia leaching of nickeliferous laterites [J]. Hydrometallurgy, 1981, 7(4): 315~327.

[91] Valix M, Cheung W H. Effect of sulfur on the mineral phases of laterite ores at high temperature reduction [J]. Minerals Engineering, 2002, 15(7): 523~530.

[92] 陆述贤, 尹才桥, 甘照平. 从阿尔巴尼亚红土矿中综合回收镍钴铁 [J]. 有色金属, 1981, 33(1): 73~81.

[93] 尹飞, 阮书锋, 江培海. 低品位红土镍矿还原焙砂氨浸试验研究 [J]. 矿冶, 2007, 16(3): 29~32.

[94] 阮书锋, 江培海, 王成彦. 低品位红土镍矿选择性还原焙烧试验研究 [J]. 矿冶, 2007, 16(2): 30~34.

[95] Reddy B R, Murthy B V R, Swamy Y V, et al. Correlation of nickel extraction with iron reduction in oxidic nickel ore by a thermogravimetric method [J]. Themochimica Acta, 1995, 264(15): 185~192.

[96] Utigard T, Bergman R A. Gaseous reduction of laterite ores [J]. Metallurgical Transaction B, 1992, 23: 271~275.

[97] Valix M, Cheung W H. Study of phase transformation of laterite ores at high temperature [J]. Minerals Engineering, 2002, 15(8): 607~612.

[98] 陈家铺, 杨守志, 柯家骏. 湿法冶金的研究与发展 [M]. 北京: 冶金工业出版社, 1998: 18~34.

[99] Matthew L, Robert J G. Dehydroxylation and dissolution of nickeliferous goethite in New Caledonian laterite Ni ore [J]. Applied Clay Science, 2007, 35: 162~172.

[100] Canterford J H. The extractive metallurgy of nickel [J]. Reviews of Pure and Applied Chemistry, 1972, 22: 13~46.

[101] Canterford J H. Mineralogical aspects of the extractive metallurgy of nickeliferous laterites [C]//Proceedings of the Australasian Institute of Mining and Metallurgy Conference. Australasian Institute of Mining and Metallurgy, Melbourne, 1978: 361~370.

[102] Canterford J H. The sulphation of oxidized nickel ores[C]//Evans D J I, Shoemaker R S, Veltman H, eds. International Laterite Symposium, Society of Mining Engineers. American Institute of Mining, Metallurgical, and Petroleum Engineers Inc. (SME-AIME), New York, 1979: 636~677.

[103] Kar B B, Swamy Y V. Extraction of nickel from Indian lateritic ores by gas-phase sulphation with SO_2-air mixtures [J]. Transactions of the Institute of Mining and Metallurgy, 2001, 110: C73~C78.

[104] Hansen B J, Stensrud J C, Zanbrano A R. Nickel and Manganesia Recovery from Lateites by Low Temperature Self-sulfation: US, 4125588[P]. 1978-11-14.

[105] White M G, White J H. Treatment of Lateritic Ores: US, 3093559[P]. 1963-06-11.

[106] Kar B B, Swamy Y V. Some aspects of nickel extraction from chromitiferous overburden by sulphatization roasting [J]. Minerals Engineering, 2000, 13(14~15): 1635~1640.

[107] 包尔巴特 B Φ, 列什 N IO. 镍钴冶金新方法 [M]. 东北工学院有色重金属冶炼教研室, 译. 北京: 冶金工业出版社, 1981: 161~165.

[108] Tindall G P, Muir D M. Effect of *Eh* on the rate and mechanism of the transformation of goethite into hematite in a high temperature acid leach process [J]. Hydrometallurgy, 1998, 47(2~3): 377~381.

[109] 柯家骏. 湿法冶金中加压浸出过程的进展 [J]. 湿法冶金, 1996(2): 1~6.

[110] 兰兴华. 镍的高压湿法冶金 [J]. 世界有色金属, 2002(1): 25~26.

[111] 伍博克, 刘葵, 陈启元, 等. 云南元江镍红土矿加压酸浸动力学 [J]. 云南冶金, 2010, 39(4): 29~32.

[112] 汪海洲, 蒋永胜, 包四根. 澳大利亚镍工业的特点 [J]. 世界有色金属, 2001(6): 9~13.

[113] 徐爱东, 青峰. 澳大利亚三个采用 PAL 新工艺的红土矿开发项目进展状况 [J]. 世界有色金属, 2001(4): 62~64.

[114] 苏平, 译. 西澳大利亚三个镍红土矿项目的工程化比较 [J]. 中国有色冶金, 2010(2): 1~7.

[115] Georgiou D, Papangelakis V G. Sulfuric acid pressure leaching of a limonitic laterite: chemistry and kinetics [J]. Hydrometallurgy, 1998, 49(1~2): 23~46.

[116] Rubisov D H, Papangelakis V G. Sulfuric acid pressure leaching of laterites—A comprehensive model of a continuous autoclave [J]. Hydrometallurgy, 2001, 58(2): 89~95.

[117] Johnson J A, McDonald R G, Muir D M, et al. Pressure acid leaching of arid-region nickel laterite ore. Part Ⅳ: Effect of acid loading and additives with nontronite ores [J]. Hydrometallurgy, 2005, 78(3~4): 264~268.

[118] Seneviratne D S, Papangelakis V G, Zhou X Y. Potentiometric pH measurements in acidic sulfate solutions at 250℃ relevant to pressure leaching [J]. Hydrometallurgy, 2003, 68(1~3): 131~139.

[119] Loveday B K. The use of oxygen in high pressure acid leaching of nickel laterites [J]. Minerals Engineering, 2008, 21(7): 533~538.

[120] Georgiou D, Papangelakis V G. Sulphuric acid pressure leaching of a limonitic laterite: Chemistry and kinetics [J]. Hydrometallurgy, 1998, 49(1~2): 23~46.

[121] Whittington B I, McDonald R G, Johnson J A, et al. Pressure acid leaching of arid-region nickel laterite ore. Part Ⅰ: Effect of water quality [J]. Hydrometallurgy, 2003, 70(1~3): 31~46.

[122] Whittington B I, Johnson J A, Quan L P, et al. Pressure acid leaching of arid-region nickel laterite ore. Part Ⅱ: Effect of ore type [J]. Hydrometallurgy, 2003, 70(1~3): 47~62.

[123] Whittington B I, Johnson J A. Pressure acid leaching of arid-region nickel laterite ore. Part Ⅲ: Effect of process water on nickel losses in the residue [J]. Hydrometallurgy, 2005, 78(3~4): 256~263.

[124] Johnson J A, McDonald R G, Muir D M, et al. Pressure acid leaching of arid-region nickel laterite ore. Part IV: Effect of acid loading and additives with nontronite ores [J]. Hydrometallurgy, 2005, 78(3~4): 268~270.

[125] Rubisov D H, Krowinkel J M, Papangelakis V G. Sulphuric acid pressure leaching of later-ites—Universal kinetics of nickel dissolution for limonites and limonitic-saprolitic blends [J]. Hydrometallurgy, 2000, 58(1): 1~11.

[126] Rubisov D H, Papangelakis V G. Sulphuric acid pressure leaching of laterites speciation and prediction of metal solubilities "at temperature" [J]. Hydrometallurgy, 2000, 58(1): 13~26.

[127] Rubisov D H, Papangelakis V G. Sulphuric acid pressure leaching of laterites-a comprehensive model of a continuous autoclave [J]. Hydrometallurgy, 2000, 58(2): 96~101.

[128] 翟秀静, 符岩, 畅永锋, 等. 表面活性剂在红土镍矿高压酸浸中的抑垢作用 [J]. 化工学报, 2008, 59(10): 2573~2576.

[129] Anthony M T, Flett D S. Nickel processing technology: A review [J]. Minerals Industry international, 1997(1): 26~42.

[130] Oustadakis P, Agatzini-Leonardou S, Tsakiridis P E. Nickel and cobalt precipitation from sulphate leach liquor using MgO pulp as neutralizing agent [J]. Minerals Engineering, 2006, 19(11): 1204~1211.

[131] Senanayake G, Das G K. A comparative study of leaching kinetics of limonitic laterite and synthetic iron oxides in sulfuric acid containing sulfur dioxide [J]. Hydrometallurgy, 2004, 72(1~2): 59~72.

[132] Lee H Y, Kim S G, Oh J K. Electrochemical leaching of nickel from low-grade laterites [J]. Hydrometallurgy, 2005, 77(3~4): 263~268.

[133] Xu Y B, Xie Y T, Yan L, et al. A new method for recovering valuable metals from low-grade nickeliferous oxide ores [J]. Hydrometallurgy, 2005, 80(4): 280~285.

[134] Luo W, Feng Q M, Ou L M, et al. Fast dissolution of nickel from a lizardite-rich saprolitic laterite by sulphuric acid at atmospheric pressure [J]. Hydrometallurgy, 2009, 96(1~2): 171~175.

[135] Arroyo J C, Distin D A. Atmospheric Leach Process for the Recovery of Nickel and Cobalt from Limonite and Saprolite Ores: US, 6261527[P]. 2001-07-17.

[136] Arroyo J C, Gillaspie J D, Neudorf D A, et al. Method for Leaching Nickeliferous Laterite Ores. US, 6379636[P]. 2002-04-30.

[137] Arroyo J C, Neudorf D A. Atmospheric Leach Process for the Recovery of Nickel and Cobalt from Limonite and Saprolite ores: US, 6680035 [P]. 2004-01-20.

[138] Büyükakinci E, Topkaya Y A. Extraction of nickel from lateritic ores at atmospheric pressure with agitation leaching [J]. Hydrometallurgy, 2009, 97(1~2): 33~38.

[139] 刘瑶, 丛自范, 王德全. 对低品位镍红土矿常压浸出的初步探讨 [J]. 有色矿冶, 2007, 23(5): 28~30.

[140] 刘瑶, 丛自范. 腐殖土层镍红土矿常压硫酸浸出 [J]. 有色矿冶, 2008, 24(2):

34 ~ 36.

[141] 罗永吉，张宗华，陈晓鸣，等. 云南某含镍蛇纹石矿硫酸搅拌浸出的研究 [J]. 矿业快报，2008(1)：24 ~ 26.

[142] 姜荣，郭效东. 从红土镍矿酸浸渣中回收铁矿物的试验研究 [J]. 甘肃冶金，2008，30 (4)：15 ~ 18.

[143] 罗仙平，龚恩民. 酸浸法从含镍蛇纹石中提取镍的研究 [J]. 有色金属(冶炼部分)，2006(4)：28 ~ 30.

[144] 李建华. 低品位氧化镍矿的酸法制粒堆浸工艺研究 [J]. 矿业快报，2006(444)：373 ~ 375.

[145] Stamboliadis E，Alevizos G，Zafiratos J. Leaching residue of nickeliferous laterites as a source of iron concentrate [J]. Minerals Engineering，2004，17(2)：245 ~ 252.

[146] Agatzini-Leonardou S，Dimaki D. Heap leaching of poor nickel laterites by sulphuric acid at ambient temperatures [C]//International Symposium "Hydrometallurgy 94"，Cambridge，England，July 11 ~ 15，1994：193 ~ 208.

[147] 石磊. 切斯巴尔资源公司处理镍红土矿工艺流程选择 [J]. 世界有色金属，2003(12)：53 ~ 55.

[148] 符芳铭，胡启阳，李新海，等. 稀盐酸溶液还原浸出红土镍矿的研究 [J]. 矿冶工程，2009，29(4)：74 ~ 76.

[149] 符芳铭，胡启阳，李金辉. 低品位红土镍矿盐酸浸出实验研究 [J]. 湖南有色冶金，2008，24(6)：9 ~ 11.

[150] Retsu N，Kazuo H，Morihiro H，et al. Method for Treating Nickel Magnesium Silicate Ore：CA，2050945[P]. 1990-09-12.

[151] Lalancette J M. Method for Recovering Nickel and Cobalt from Laterite Ores：WO，02008477 [P]. 2002-01-31.

[152] Antti A，Kauko K，Rolf M. Method for Recovering Nickel and Eventally Cobalt by Extraction from Nickel containing Laterite Ore：WO，03004709[P]. 2003-01-16

[153] Lalancette J M. Process for Recovering Value Metal Species from Laterite-type Feedstock：WO，07106969 [P]. 2006-03-17.

[154] Drinkard W F. Nickel-laterite Process：CA，2685371[P]. 2008-11-13.

[155] Treasure P A，Gillies A. Vat Leaching of Nickel Laterite Ores：AU，2008207581[P]. 2009-03-19.

[156] Garingarao R M，Palad M A. Cyclic Acid Leaching of Nickel Bearing Oxide and Silicate Ores with Subsequent Iron Removal from Leach Liquor：US，3880981[P]. 1975-04-29.

[157] Zundel W P，Lane J W，Taylor M W. Ore Conditioning Process for the Efficient Recovery of Nickel from Relatively high Magnesium containing Oxidic Nickel Ores：US，3804613[P]. 1974-04-16.

[158] Chou E C J，Barlow C B，Huggins D K. Roast-neutralization-leach Technique for the Treatment of Laterite Ore：US，4097575[P]. 1978-06-27.

[159] Koike S，Murai K，Yakushizi H，et al. Process for Recovering Metal from Oxide Ores：EU，

0547744A1［P］. 1993-06-23.

［160］ Murai K，Yakushiji H，Ito S，et al. Process for Recovering Valuable Metals from Oxide Ore：AU，725800［P］. 2000-10-19.

［161］ Arroyo J C，Neudorf D A. Atmospheric Leach Process for the Recovery of Nickel and Cobalt from Limonite and Saprolite Ores：US，6261527B1［P］. 2001-07-17.

［162］ Arroyo J C，Neudorf D A. Atmospheric Leach Process for the Recovery of Nickel and Cobalt from Limonite and Saprolite Ores：US，20020041840A1［P］. 2002-04-11.

［163］ Arroyo J C，Neudorf D A. Atmospheric Leach Process for the Recovery of Nickel and Cobalt from Limonite and Saprolite Ores：US，6680035B2［P］. 2004-01-20.

［164］ Arroyo J C，Gillaspie J D，Neudorf Arroyo D A. Method for Leaching Nickeliferous Laterite Ores：US，6379636B2［P］. 2002-04-30.

［165］ Sukla L B，Panchanadikar V V. Bioleaching of lateritic nickel ore using a heterotrophic microorganism［J］. Hydrometallurgy，1993，32(3)：373～379.

［166］ Sukla L B，Panchanadikar V V，Kar R N. Microbial leaching of lateritic nickel ore［J］. World Journal of Microbiology and Biotechnology，1993，9：255～257.

［167］ Swamy K M，Sukla L B，Narayana K L，et al. Use of ultrasound in microbial leaching of nickel from laterites［J］. Ultrasonics Sonochemistry，1995，2(1)：5～9.

［168］ Sukla L B，Swamy K M，Narayana K L，et al. Bioleaching of Sukinda laterite using ultrasonics［J］. Hydrometallurgy，1995，37(3)：387～391.

［169］ Situate G S，Ndlovu S. Bacterial leaching of nickel laterites using chemolithotrophic microorganisms：Identifying influential factors using statistical design of experiments［J］. International Journal of Mineral Processing，2008，88(1)：31～36.

［170］ Simate G S，Ndlovu S，Gericke M. Bacterial leaching of nickel laterites using chemolithotrophic microorganisms：Process optimisation using response surface methodology and central composite rotatable design［J］. Hydrometallurgy，2009，98(3～4)：241～246.

［171］ Swamy K M，Sukla L B，Narayana K L，et al. Application of ultrasonics in improvement of fungal strain［J］. Acoustics Letters，1993，17：45～49.

［172］ Valix M，Usai F，Malik R. Fungal bio-leaching of low grade laterite ores［J］. Minerals Engineering，2001，14(2)：197～203.

［173］ Tzeferis P G. Fungal leaching of nickeliferous laterites［J］. Folia Microbiology，1994，39(2)：137～140.

［174］ 刘学，温建康，阮仁满. 真菌衍生有机酸浸出低品位氧化镍矿［J］. 稀有金属，2006，30(4)：490～493.

［175］ Thangavelu V，Tang J，Ryan D，et al. Effect of saline stress on fungi metabolism and biological leaching of weathered saprolite ores［J］. Minerals Engineering，2006，19(12)：1266～1273.

［176］ 王成彦. 元江贫氧化镍矿的氯化离析［J］. 矿冶，1997，6(3)：55～59.

［177］ 张文朴. 微波加热技术在冶金工业中的应用研发进展［J］. 中国钼业，2007，31(6)：20～23.

[178] 蔡卫权，李会泉，张懿. 微波技术在冶金中的应用 [J]. 过程工程学报，2005，5(2)：228~232.

[179] 翟秀静，符岩，李斌川. 红土矿的微波浸出研究 [J]. 有色矿冶，2008，24(5)：21~24.

[180] Zhai X J，Wu Q，Fu Y. Leaching of nickel laterite ore assisted by microwave technique [J]. Transactions of Nonferrous Metals Society of China，2010，20(s1)：s77~s81.

[181] 畅永锋，翟秀静，符岩. 稀酸浸出还原焙烧红土矿时铁还原度对浸出的影响 [J]. 东北大学学报(自然科学版)，2008，29(8)：1738~1741.

[182] Chang Y F，Zhai X J，Fu Y. Phase transformation in reductive roasting of laterite ore with microwave heating [J]. Transactions of Nonferrous Metals Society of China，2008，18(4)：969~973.

[183] Che X K，Su X Z，Chi R A，et al. Microwave assisted atmospheric acid leaching of nickel from laterite ore [J]. Rare Metals，2010，29(3)：327~332.

[184] 华一新，谭春娥，谢爱军，等. 微波加热低品位氧化镍矿石的 $FeCl_3$ 氯化 [J]. 有色金属，2000，52(1)：59~61.

[185] Pickles C A. Microwave heating behaviour of nickeliferous limonitic laterite ores [J]. Mineral Engineering，2004，17(6)：775~784.

[186] 唐明林，曾英，廖华菁. 青海元石山铁镍矿综合利用途径研究 [J]. 矿产综合利用，1997(2)：21~24.

[187] 刘福祥，于家明，赵坤. 青海省元石山铁镍矿床铁镍元素的赋存状态及变化规律 [J]. 吉林地质，2007，26(2)：27~31.

[188] Swamy Y V，Kar B B，Mohanty J K. Physico-chemical characterization and sulphatization roasting of low-grade nickeliferous laterites [J]. Hydrometallurgy，2003，69(1~3)：89~98.

[189] 北京矿冶研究总院测试研究所编. 有色冶金分析手册 [M]. 北京：冶金工业出版社，2008.

[190] 李洪桂. 湿法冶金 [M]. 长沙：中南大学出版社. 1998：21~25.

[191] Dean J A. 兰式化学手册 [M]. 魏俊发，等，译. 北京：科学出版社，20.

[192] 叶大伦，胡建华. 实用无机物热力学数据手册 [M]. 2版. 北京：冶金工业出版社，2002.

[193] 林传仙. 矿物及有关化合物热力学数据手册 [M]. 北京：科学出版社，1985.

[194] Osseo-Asare K，Lee J W，Kim H S，et al. Cobalt extraction in ammoniacal solution electrochemical effect of metallic iron [J]. Metallurgical Transactions B，1983，14：571~576.

[195] Asselin E. Thermochemical aspects of the Fe，Ni & Co-NH_3-H_2O systems relevant to the Caron process [C]//Hydrometallurgy 2008：Proceedings of the Sixth International Symposium，Phoenix，Arizona，August 17~21，2008.

[196] 吴展. 红土镍矿硫酸化—焙烧—水浸浸出液中回收镍钴等有价金属的研究[D]. 长沙：中南大学，2010.

[197] Montagomery D C. Design and analysis of experiments [M]. 6th Edition. New York：John Wi-

ley & Sons, Inc. , 2007: 405 ~ 463.

[198] Mohapatra S, Pradhan N, Mohanty S, et al. Recovery of nickel from lateritic nickel ore using apergillus niger and optimization of parameters [J]. Minerals Engineering, 2009, 22(3): 311 ~ 313.

[199] Guo X Y, Shi W T, Li D, et al. Leaching behavior of metals from limonitic laterite ore by high pressure acid leaching [J]. Transactions of Nonferrous Metals Society of China, 2011, 21 (1): 191 ~ 195.

[200] Guo X Y, Li D, Park K H, et al. Leaching behavior of metals from a limonitic nickel laterite using a sulfation-roasting-leaching process [J]. Hydrometallurgy, 2009, 99 (3 ~ 4): 144 ~ 150.

[201] Li D, Park K H, Wu Z, et al. Response surface design for nickel recovery from laterite by sulfation-roasting-leaching process [J]. Transactions of Nonferrous Metals Society of China, 2010, 20(s1): 92 ~ s96.

[202] Smith R M, Matell A E. Critical stability constants inorganic complexes [M]. New York: Plenum Press, 1976: 1132 ~ 1145.

[203] Donald D W, Willian H E, Vivian B P. NBS 化学热力学性质表 [M]. 北京: 中国标准出版社, 1998: 798 ~ 809.

[204] 姚允斌, 解涛, 高英敏. 物理化学手册 [M]. 上海: 上海科学技术出版社, 1985: 855 ~ 868.

[205] 钟竹前, 梅光贵. 化学位图在湿法冶金和废水净化中的应用 [M]. 长沙: 中南工业大学出版社, 1986: 393 ~ 398.

[206] Isaev I D, Tverdokhlebov S V, Novikov L K, et al. Iron(Ⅱ) ammines in aquous solution [J]. Russian Journal of Inorganic Chemistry, 1990, 35(8): 1162 ~ 1168.

[207] Nazari G, Asselin E. Estimation of thermodynamic properties of aqueous iron and cobalt ammines at elevated temperatures [J]. Metallurgical and Materials Transactions B, 2010, 41 (3): 520 ~ 526.

[208] 黄凯. 可控缓释沉淀-热分解法制备超细氧化镍粉末的粒度和形貌控制研究[D]. 长沙: 中南大学, 2003.

[209] 田庆华. 无氨草酸沉淀-热分解制备钴氧化物及其母液循环利用研究[D]. 长沙: 中南大学, 2009.

[210] 奚梅成. 数值分析方法 [M]. 合肥: 中国科学技术大学出版社, 1996: 214 ~ 240.

[211] Siriwardane R V, Poston J A, Fisher E P, et al. Decomposition of the sulfates of copper, iron (Ⅱ), iron(Ⅲ), nickel, and zinc: XPS, SEM, DRIFTS, XRD, and TGA study [J]. Applied Surface Science, 1999, 152(3 ~ 4): 219 ~ 236.

[212] 傅崇说. 有色冶金原理 [M]. 北京: 冶金工业出版社, 1993: 104 ~ 105.

[213] Johnson J A, Cashmore B C, Hockridge R J. Optimisation of nickel extraction from laterite ores by high pressure acid leaching with addition of sodium sulphate [J]. Minerals Engineering, 2005, 18(13 ~ 14): 1297 ~ 1303.

[214] 何显达, 郭学益, 李平, 等. 从人造金刚石触媒酸洗废液中回收镍、钴和锰 [J]. 湿法

冶金，2005，24(3)：150～154.

[215] Jackson E. Hydrometallurgical extraction and reclamation [M]. New York：John Willey&Sons，1986：148～155.

[216] 申勇峰，曾德文，刘海霞，等．高锰钴土矿的还原浸出及萃取工艺研究 [J]．矿产保护与利用，1998(1)：29～32.

[217] 周国英，刘采英．镍锰合金的分离与回收 [J]．武汉化工学院学报，1980(2)：5～10.

[218] 韩其勇．冶金过程动力学 [M]．北京：冶金工业出版社，1983：49～54.

[219] 涂敏瑞，周进．硫磷混酸分解磷矿动力学研究 [J]．化学工程，1995，23(1)：62～67.

[220] 杨永强，王成彦，汤集刚，等．云南元江高镁红土矿矿物组成及浸出热力学分析 [J]．有色金属，2008，60(3)：84～87.

[221] 刘桂华，李小斌，李永芳，等．复杂无机化合物组成与热力学数据间的线性关系及其初步应用 [J]．科学通报，2000，45(13)：1386～1391.